물과 땅이 만나는 곳, 습지

과학으로 보는 바다 04

물과 땅이 만나는 곳, 습지

1판 1쇄 발행 | 2014년 4월 14일
지은이 | 김웅서

펴낸이 | 이원중 **책임편집** | 김명희 **디자인** | 이향란
출판등록일 | 1993년 12월 9일 등록번호 제10 – 916호
주소 | (121 – 829) 서울시 마포구 와우산로3길 27 2층 **전화** | (02) 335 – 5494 ~ 5 **팩스** | (02) 335 – 5496
홈페이지 | www.jisungsa.co.kr **블로그** | blog.naver.com/jisungsabook **이메일** | jisungsa@hanmail.net
편집주간 | 김명희 **편집팀** | 김재희 **디자인팀** | 이향란

ISBN 978-89-7889-283-4 (04400)
978-89-7889-269-8 (세트)
잘못된 책은 바꾸어드립니다. 책값은 뒤표지에 있습니다.

〈과학으로 보는 바다〉 시리즈는
21세기 해양시대를 이끌어 가는 한국해양과학기술원의 연구 성과를 생생한 사진과 함께 보여 줌으로써
바다에 대한 꿈과 영감을 키우는 과학 교양도서로 기획되었습니다.
한국해양과학기술원 홈페이지 www.kiost.ac

이 도서의 국립중앙도서관 출판시도서목록(CIP)은 서지정보유통지원시스템 홈페이지(http://seoji.nl.go.kr)와
국가자료공동목록시스템(http://www.nl.go.kr/kolisnet)에서 이용하실 수 있습니다. (CIP제어번호:CIP2014009968)

물과 땅이 만나는 곳, 습지

김웅서 지음

내 어렸을 적에는 서울에도 비가 오고 나면 길 곳곳이 질척질척하고, 군데군데 커다란 물웅덩이가 만들어지곤 했다. 흙으로 둑을 쌓아 물길을 막고 재미있게 놀기도 했지만, 혹시 신발을 더럽힐까 싶어 질척질척한 곳을 요리조리 피해 다니느라 꽤 고생했던 기억도 있다. 흙이 덕지덕지 신발에 달라붙으면 무거워진 발걸음을 옮기기가 여간 힘들지 않았다. 또 바지 아랫단에 허옇게 말라붙은 흙은 암만 털어도 자국이 없어지지 않았다. 그래서인지 수렁이나 늪, 갯벌처럼 질척질척한 땅, 즉 습지를 곱게 생각하지 않았다. 나뿐만 아니라 거의 모든 사람의 생각이 같았을 듯싶다.

수렁은 무르게 풀린 진흙이나 개흙으로 범벅된 물이 괸 웅덩이를 말한다. 왠지 수렁하면 한번 빠지면 헤어나기 힘들 것 같아 빠져서는 안 되는 곳이라는 생각이 먼저 든다. 그래서 수렁에서 벗어났다는 표현은 보통 큰 어려움이나 곤경에서 빠져나왔다는 뜻으로 쓰인다. 아주 오래전에 만들어진 「수렁에서 건진 내 딸」이라는 영화가 있었는데, 이 영화 제목에서 수렁의 의미도 마찬가지였다. 이런 습지의 불명예가 벗겨지기 시작한 것은 그리 오래된 일이 아니다.

사람들 생각이 바뀌자 습지가 예전과는 다른 대접을 받게 되었다. 생태학자들은 습지가 우리에게 얼마나 소중한 곳인지 많은 연구 결과를 쏟아 내었고, 경제학자들은 습지에서 얼마나 많은 경제적 이익을 얻고 있는지 알려 주었다. 이런 노력으로 습지를 대하는 사람들의 시선이

많이 달라졌다. 2008년에는 우리나라에서 습지 보전을 위한 환경 올림픽이라 불리는 람사르 총회가 열렸다. 경상남도 창원시에서 세계 150여 개국 정부와 국제기구, NGO 등으로부터 2,000여 명이 참석한 가운데 제10차 람사르 협약 당사국 총회가 개최되었던 것이다. 우리나라는 3면이 바다로 둘러싸이고, 세계 5대 갯벌에 속하는 광활한 갯벌이 펼쳐져 있는 등 습지가 많아 그 보존의 중요성이 다른 어느 나라보다도 크다. 이 행사를 계기로 우리 정부는 습지보호지역과 람사르 습지를 늘려 나가겠다고 세계에 약속하였다. 우리가 가진 보물, 습지의 가치를 새삼 깨닫는 행사였다.

이제 더는 습지를 버려진 땅이라고 말하지 말자. 습지는 그 어느 땅보다도 값지고 소중한 곳이다. 이 책을 쓰기 위해 습지를 연구하는 분들의 많은 경험과 지식을 빌려 왔다. 또한 습지 보호를 위해 많은 분들이 흘린 땀도 이 책의 출간에 도움이 되었다. 이런 분들의 노력이 없었다면 습지에 대한 책을 펴낼 엄두도 내지 못했을 것이다. 원고에 대한 좋은 의견을 준 한국해양과학기술원의 박흥식 박사님, 최형태·조정현 님을 비롯한 여러 동료에게 깊은 감사의 말을 전한다. 특히 황해생태지역지원사업YSESP을 그동안 같이 수행하며 습지 사랑에 흠뻑 빠졌던 한국해양과학기술원의 고 김광태 박사님, 강동근·김태원 박사님, 최영래·김미주·채선영·이선희 님, 한국해양과학기술진흥원의 배성환 박사님, 국립생태원의 한동욱 박사님, 생태지평의 장지영·이승화 님, 그리고 세계자연(보호)기금WWF의 Tobai Sadayosi·Shigeki Yasumura 님에게 고마운 마음을 전한다. 이 책이 습지의 아름다움과 중요성을 알리는 데 조금이라도 도움이 되었으면 한다.

김웅서

차례

01
습지는 어떤 곳?

땅과 물이 만나는 곳을 우리는 습지라 부른다. 육지 생물이 깃들어서 사는 보금자리인 땅, 그리고 수중 생물이 기대어 사는 물. 땅과 물처럼 서로 완전히 다른 환경이 만나 조화를 이룬 곳이 바로 습지이다. 이제부터 습지란 어떤 곳인지 알아보도록 하자.

▶▶ 경상남도 창녕의 우포늪

습지란

물기가 많아 축축한 땅을 습지라 하며, 수렁, 늪, 진창, 펄, 소택지라고도 일컫는다. 수렁의 사전적 뜻풀이는 '무르게 풀린 진흙이나 개흙으로 범벅된 물이 괸 웅덩이'이다. 왠지 수렁하면 질척질척하고 더럽고 빠져나오기 힘든 곳이라는 생각이 먼저 든다. 수렁과 비슷한 말로 늪이 있다. 늪은 규모가 호수보다는 작지만 연못보다는 크며, 진흙 바닥에 많은 물이 깊지 않게 늘 괴어 있어 수중식물이 무성하게 자라는 곳이다. 늪도 수렁보다는 덜하지만 역시 부정적인 느낌이 든다. 그래서 고통의 늪, 침체의 수렁에서 보듯이 헤어나기 힘든 상황을 비유적으로 말하거나, 엉망진창처럼 부정적인 의미로 사용한다.

습지에 대한 우리의 시선은 이처럼 긍정적이지 않다. 질척질척한 습지는 쓸모없는 땅이라고 생각하는 사람조차 많다. 이는 습지의 역할과 기능을 제대로 이해하지 못한 데서 생긴 오해이다. 최근에는 연구가 활발해지면서 습지의 생태학적, 경제적 가치가 다시 평가되고 있다. 습지는 뭇 생명이 살아 숨 쉬는 그야말로 생명력이 넘치는 곳이다. 과학자들이 외계에서 생명체를 찾기 위해 먼저 하는 일은 그곳에 물이 있는지 확인하는 것이다. 물은 생명 활동에 없어서는 안 되는 중요한 물질이기 때문이다. 축축하게 젖어 있는 습지는 생명을 잉태할 천혜의 조건을 갖춘 곳이다. 생물이 살고 있는 그 어느 서식지보다도 생물다양성이 높고 생산력이 높은 곳이 바로 습지이다. 습지는 버려진 땅이 아니라 소중해도 정말 소중한 땅이다.

▶▶ 강화도 갯벌

▶▶ 창원에서 열린 제10차 람사르 협약 당사국 총회

국제적으로 습지를 보호하기 위해 1975년 발효된 람사르 협약Ramsar Convention에서는 습지를 '자연적이든 인공적이든, 영구적이든 일시적이든, 물이 고여 있든 흐르든, 그리고 땅을 덮고 있는 물이 민물담수이든 바닷물염수이든 하구에서처럼 바닷물과 민물이 적당히 섞인 물기수이든 관계없이 소택지, 습원 또는 물로 된 지역'으로 규정하였다. 또한 썰물 때 수심이 6미터를 넘지 않는 해역도 습지로 정의하여 수심이 아주 얕은 연안까지 습지의 범위가 확장되었다.

우리나라도 습지를 잘 관리하기 위해 1999년 「습지보전법」을 만들었다. 이 법에서는 습지를 '담수, 기수 또는 염수가 영구적 또는 일시적으로 그 표면을 덮고 있는 지역으로 내륙습지와 연안습지를 말한다'고 규정한다. 내륙습지는 육지 또는 섬 안에 있는 호수 또는 소늪와 하구 등의 지역을 가리키고, 연안습지는 밀물만조 때 바닷물(해수면)과 땅(육지면)이 만나는 경계선으로부터 썰물간조 때 바닷물과 땅이 만나는 경계선까지로 규정한다. 「습지보전법」에서 말하는 연안습지는 해양학에서 정의하는 조간대와 일치한다. 썰물 때 낮은 해수면간조선과 밀물 때 높은 해수면만조선 사이 지역으로, 조석 간만의 차에 따라 주기적으로 바닷물에 잠겼다가 공기 중에 드러나기를 반복하는 바닷가를 조간대라고 한다.

▶▶ 미크로네시아의 산호초섬

▶▶ 미크로네시아의 산호초

▶▶ 미크로네시아의 맹그로브

습지는 땅을 덮고 있는 물의 성질, 살고 있는 동물과 식물의 종류, 환경 특성에 따라 다양한 모습을 보인다. 일반적으로 습지는 크게 바닷가에 있는 연안습지, 육지 안에 있는 내륙습지, 사람이 인공적으로 만든 인공습지로 구분한다. 연안습지에는 바닷물이 드나드는 갯벌, 맹그로브나 해초가 자라는 염습지(salt marsh; 짠물에 일시적으로 잠겨도 살 수 있는 식물들이 자라는 하구의 습지), 산호가 자라는 산호초 해역 등이 속하며, 내륙습지에는 늪, 수렁, 연못, 호수, 강이 있고, 인공습지에는 논이나 저수지가 포함된다.

람사르 협약에서 분류한 습지 종류

람사르 협약에서 분류한 습지 종류를 좀 더 자세히 살펴보면, 연안습지는 다시 해양형, 하구형, 호소형 또는 소택형, 카르스트karst형으로 나뉜다. 해양형에는 썰물 때의 수심이 6미터가 안 되는 해안, 해조류나 해초가 자라는 해조 숲과 잘피밭 같은 연안 수초대, 산호가 자라는 산호초, 연안의 바위섬이나 바위 해안, 해안 절벽 등이 속한다. 강물에 운반되어 바다로 흘러 들어간 흙과 모래가 파도나 연안을 따라 흐르는 해류의 영향을 받아 해안과 나란하게 퇴적된 지형인 사주sand bar, 주로 만의 입구 주변 육지에서 바다 쪽으로 뻗어 나간 좁고 긴 모래 자연제방인 사취sand spit, 바람에 운반된 모래가 쌓여서 만들어진 언덕인 사구sand dune 등 모래 해안이나 자갈 해안 등도 포함된다. 하구형에는 삼각주, 펄갯벌, 모래갯벌, 혼성갯벌혼합갯벌, 염습지, 맹그로브 숲, 석호(바다와 분리되거나 수로로 연결되어 있는 바닷가 호소) 등이 포함된다. 석회암이 물에 침식되어 만들어진 지형인 카르스트형에는 해안 카르스트 지형이나 지하수계가 있다.

▶▶ 해양형 습지 _남태평양에 있는 섬나라 피지에 발달한 사구

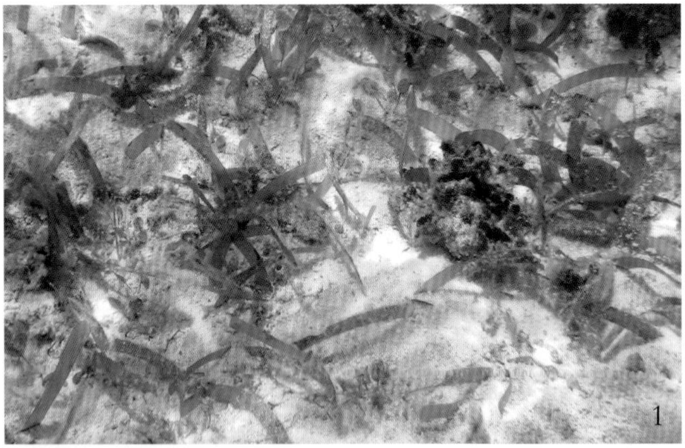
1

2

3

5

8

6

7

9

▶▶ 해양형 습지 _1 팔라우의 잘피밭
2 미크로네시아의 산호초
3 미크로네시아의 맹그로브 숲
4 강원도 주문진의 바위 해안
5 경상북도 울릉도의 해안 절벽
6 경상북도 울진의 사주
7 강원도 고성의 통일전망대에서 바라본 북한 쪽 모래 해안
8 인천광역시 백령도의 자갈 해안
9 강원도 고성의 송지호(석호)

내륙습지는 하천형, 호수형(넓이 8헥타르, 수심 2미터 이상), 소택형(넓이 8헥타르, 수심 2미터 이하), 지열형(땅속의 열로 온천이 솟아오르는 곳), 카르스트형(석회암 동굴 등에 물이 고여 만들어진 곳)으로 나뉜다. 물이 흐르는 하천형에는 영구 하천, 간헐 하천, 내륙 삼각주, 폭포 등이 속하며, 물이 고여 있는 호수형에는 영구적인 담수호민물호수, 간헐적 담수호, 영구적이거나 간헐적인 염호짠물호수

가 포함된다. 규모가 작은 소택형에는 영구적이거나 간헐적인 염수·기수·담수 늪, 이탄습지(온도가 낮아 동식물의 사체가 제대로 분해되지 않은 상태로 쌓여 만들어진 흙이 있는 습지), 고산습지(높은 산에 만들어진 습지), 툰드라 웅덩이(추운 기후로 나무가 자라기 힘든 지역에 있는 습지), 샘, 오아시스 등 아주 다양한 형태의 습지가 속한다.

▶▶ 내륙형 습지_ 한강으로 흘러드는 경기도 분당의 탄천

▶▶ 내륙형 습지 _제주도 천지연폭포(왼쪽)와 낙동강 하구의 삼각주(오른쪽)

▶▶ 내륙형 습지 _1 경상남도 창녕의 우포늪
2 북극 스발바르 제도 여름철의 툰드라 웅덩이
3 뉴질랜드 화이트아일랜드의 지열형 습지
4 강원도 삼척 환선굴의 카르스트형 습지

2

4

인공습지에는 어류나 새우 양식장, 농업용 저수지, 논, 관개수로, 염전, 댐, 간척호, 하수처리장, 채굴장, 운하와 배수로, 도랑 등이 포함된다.
흔히 우리가 습지라고 부르는 곳은 단순히 질척거리는 장소가 아니라 매우 여러 가지 모습을 가진 곳임을 알 수 있다.

▶▶ 인공습지 _1 인공 담수호인 경기도 청평호
2 충청남도 태안군 천리포의 논
3 경기도 관개수로
4 전라북도 곰소만의 염전

1

2

3

4

▶▶ 2012년 루마니아에서 열린 람사르 총회

람사르 협약

람사르 협약(http://www.ramsar.org)으로 더 잘 알려져 있는 국제습지조약은 카스피 해에 면한 이란의 휴양지 람사르Ramsar에서 체결되었다. 조약이 체결된 곳의 지명을 따라 흔히 람사르 협약이라고 부르지만, 정식 명칭은 「물새 서식지로서 특히 국제적으로 중요한 습지에 관한 협약」이다. 이 협약은 점차 사라져 가는 습지와 습지에 사는 생물을 보전하기 위해 만들어졌다. 2013년 1월 기준으로 총 168개국이 람사르 협약에 가입하였다. 우리나라도 1997년에 101번째 회원국이 되어 습지 보전을 위한 국제적인 노력에 함께하고 있다.

한편 전 세계적으로 람사르 협약에 등록된 습지는 2014년 1월 현재 2,177군데에 이른다. 우리나라는 1997년 3월 강원도 인제의 대암산 용늪을 시작으로 경남 창녕의 우포늪, 전남 신안의 장도 습지와 순천만·보성 갯벌, 제주 물영아리오름 습지, 충남 태안 두웅 습지, 울산 무제치늪, 전남 무안 갯벌, 강원 오대산국립공원 습지, 인천 강화 매화마름 군락지, 제주 물장오리오름 습지와 1100고지 습지, 충남 서천 갯벌, 전북 고창·부안 갯벌, 제주 동백동산 습지, 전북 고창 운곡 습지, 전남 신안 증도 갯벌이 등록되었다. 가장 최근에는 2012년 6월 서울 밤섬을 포함해 모두 18곳이 등록되었다. 모든 습지가 람사르 습지로 등록될 수 있는 것은 아니다. 람사르 습지는 독특한 생물상과 지리학적 특성을 가졌거나, 희귀한 동식물의 서식지 또는 물새 서식지로서 중요성을 인정받은 습지라야만 이름을 올릴 수 있다.

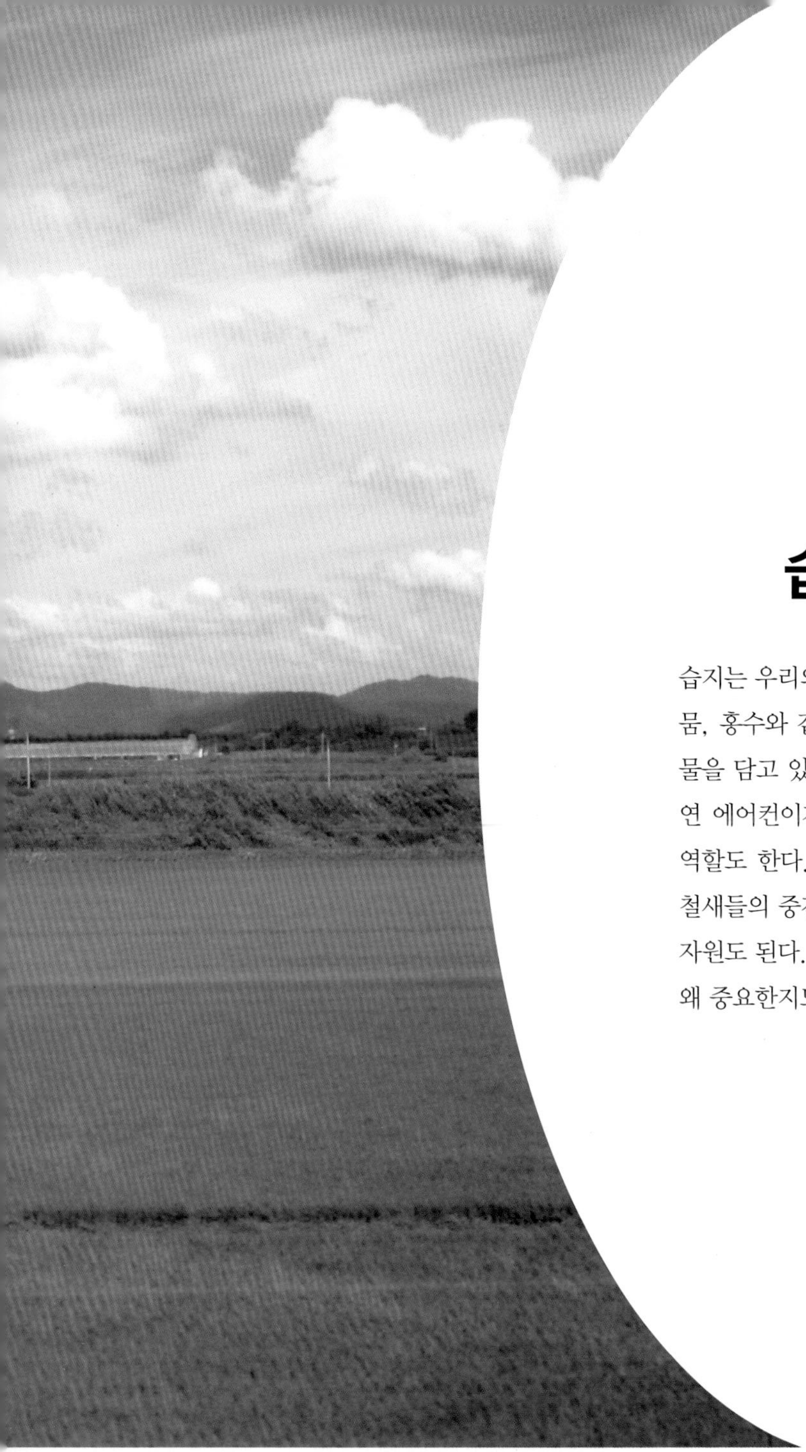

▶▶ 광주광역시의 논

02
습지의 다양한 역할

습지는 우리의 먹을거리를 해결해 주고, 태풍이나 해일, 가뭄, 홍수와 같은 여러 자연재해를 막아 주는 방패가 된다. 물을 담고 있는 습지는 온도와 습도를 조절하는 훌륭한 천연 에어컨이자 가습기이며, 물을 깨끗하게 해주는 정수기 역할도 한다. 이뿐만이 아니라 습지는 장거리를 이동하는 철새들의 중간 기착지이며, 그 경관이 아름다워 좋은 관광자원도 된다. 이런 습지의 다양한 역할을 살펴보고, 습지가 왜 중요한지도 알아보기로 한다.

생물다양성의 보고

습지는 열대우림에 버금갈 정도로 생산력이 높은 서식지 가운데 하나이며, 생물다양성도 매우 높은 곳이다. 이는 습지에 아주 많은 종류의 생물이 보금자리를 틀고 살고 있다는 의미이다.

생물이 생존하는 데 물은 필수 불가결한 요소이다. 물이 풍부한 습지에서는 생물이 물 걱정을 하지 않아도 되므로 좋은 서식지로서 기본적 요건은 갖춘 셈이다. 그런 습지에 물과 함께 흘러 들어온 영양물질이 쌓이고, 이 영양물질을 세균이 분해하면 질소나 인과 같이 식물이 자라는 데 필요한 비료 성분이 만들어져 습지식물이 무성하게 자란다. 그러면 이를 먹는 초식동물이 늘어나고, 초식동물을 잡아먹는 육식동물이 따라서 늘어나니 습지의 생산력은 높아진다.

1

4

▶▶ 습지에서 만나는 조류

1 사다새펠리컨

2 북극제비갈매기

3 쇠백로

4 왜가리

5 흰뺨검둥오리

6 원앙

2

3

5

6

1

4

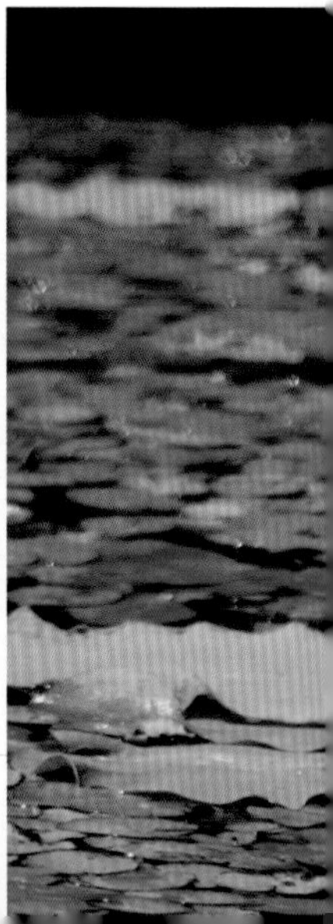

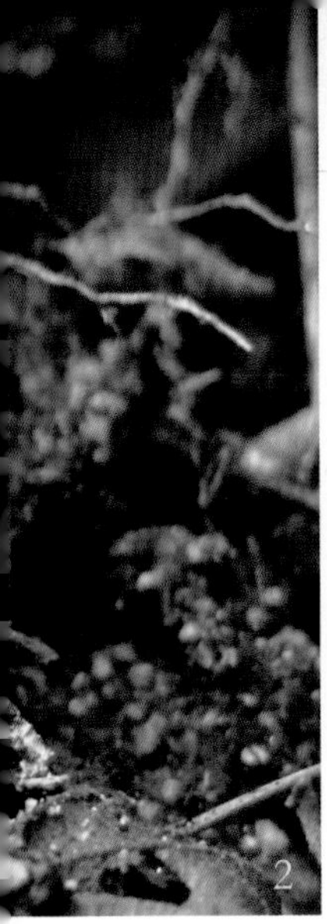

▶▶ 습지에서 만나는 양서 파충류

1 옴개구리
2 무당개구리
3 청개구리
4 두꺼비
5 붉은귀거북
6 어린 바다거북

비율로 보면 담수습지에 세계 생물종의 40퍼센트 이상이 살고 있으며 그중 포유류는 12퍼센트 이상이 살고 있다. 참고로 세계에서 유역 면적이 가장 넓은 아마존 강 습지에는 1,800여 종에 이르는 고유 어종이 있다. 해안습지에 속하는 산호초는 해양 생물의 25퍼센트 정도가 서식할 정도로 생물종다양성이 높은 곳이다. 산호초에는 4,000여 종의 물고기와 800여 종의 산호가 살고 있다. 산호초에 사는 생물 종류는 모두 합하면 100만 종이 넘는 것으로 알려져 있다. 이처럼 많은 종류의 생물들이 태어나고 자라고 번식하는 좋은 장소가 바로 습지이다.

1

4

7

▶▶ 습지에 사는 어류_1 아마존 강에 사는 물고기 디스커스
2 아마존 강에 사는 피라니아
3 담수습지에 사는 물총고기
4 모래나 자갈이 깔린 하천에 사는 참마자
5 바위 해안에 많이 사는 조피볼락(우럭)
6 호주의 산호초나 해조 숲에 사는 나뭇잎해룡
7 산호초에 사는 청줄돔
8 산호초에 사는 나비고기
9 말미잘과 공생하는 흰동가리

2

3

5

6

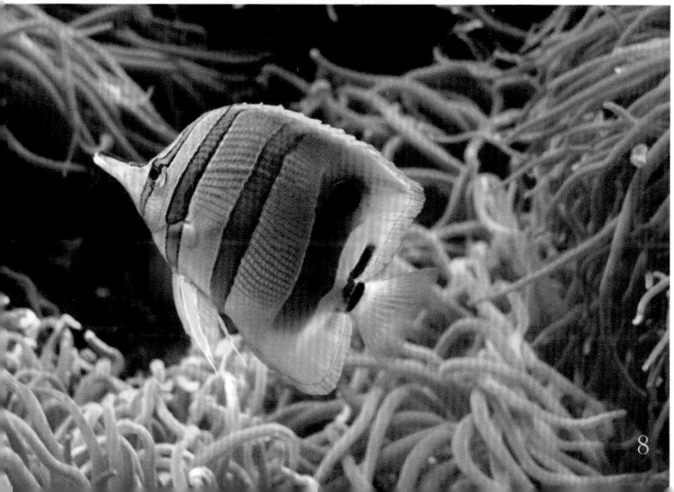

8

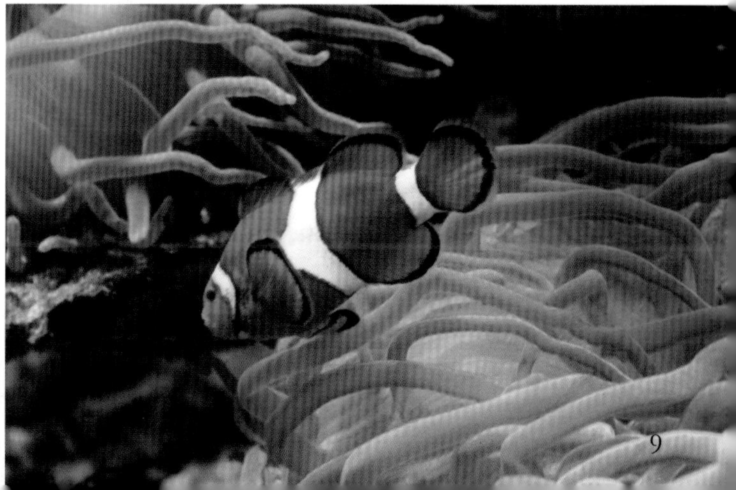

9

식량 창고

습지는 인간을 먹여 살리는 식량 창고이기도 하다. 인공습지인 논에서 재배되는 쌀은 전 세계 인구의 절반 정도인 약 30억 명의 주식이다. 벼농사는 특히 아시아 지역에서 활발하게 짓고 있으며, 아프리카와 아메리카 습지에서도 벼를 재배한다. 민물이나 바닷물에 사는 물고기는 물론이고, 갯벌을 비롯한 연

▶▶ 전라남도 여수의 다랭이논

▶▶ 습지에서 나는 다양한 먹을거리
1 한강 하구의 참게
2 꼬막
3 전복
4 낙지
5 해삼
6 멍게우렁쉥이
7 염전에서 만든 천일염

안습지에서 채취하는 물고기, 조개, 게, 낙지 등 맛있고 다양한 해산물들은 우리의 군침을 돌게 할 뿐만 아니라 주요한 단백질원이 되어 준다. 인공습지인 염전에서는 음식 맛을 내는 데 없어서는 안 되는 조미료이자 우리의 생리 활동에 꼭 필요한 물질인 소금이 만들어진다. 식량뿐만 아니라 건축에 필요한 목재, 옷을 만

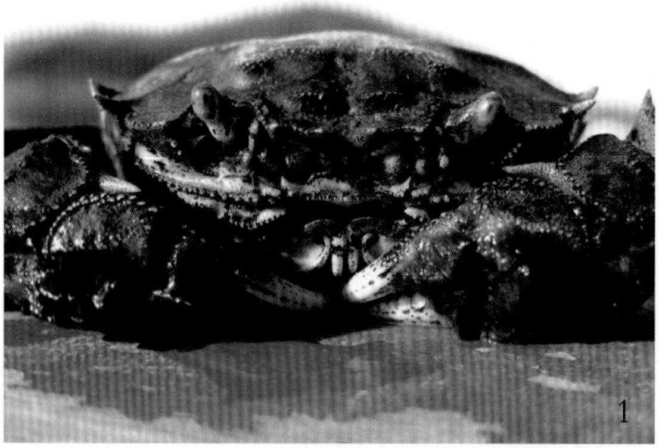
1

2

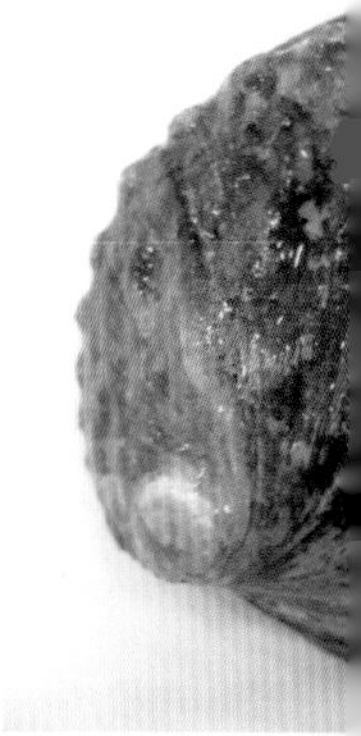

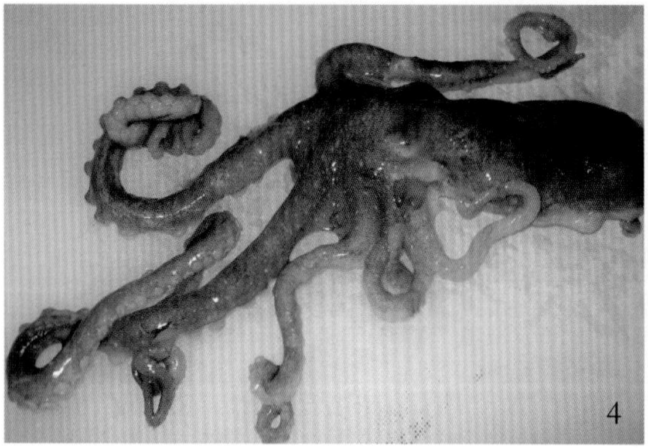
4

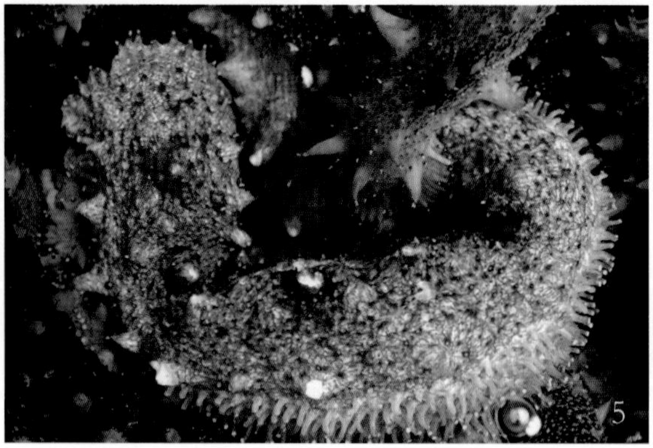
5

들 수 있는 직물 등의 원료도 제공하니 인간이 의식주를 해결하는 데 있어 습지는 없어서는 안 되는 중요한 위치를 차지하고 있다. 또한 습지에서 나는 생물 중에는 가축의 사료가 되는 것도 있고, 습지 생물에서 추출한 물질로 의약품을 만들기도 하는 등 습지는 우리의 일상생활에 필요한 많은 것을 제공해 준다.

3

6

7

자연재해의 방패막이

하천의 주변에는 강물이 넘쳐흘렀을 때에 운반되던 흙과 모래가 쌓여 만들어진 평탄한 지형이 있다. 범람원이라고 하는 이곳은 홍수가 나면 습지가 넓게 발달하여 물을 저장함으로써 홍수 피해를 줄여 준다. 즉 범람원은 일시적으로 물을 저장하는 저수지의 역할을 하여 하류로 내려가는 물의 양을 조절해 준다.

▶▶ 낙동강 하구의 범람원

연안습지는 태풍으로 만들어진 큰 파도폭풍해일나 해저 지진으로 생긴 지진해일쓰나미이 육지로 밀려올 때에 이를 막아 주는 방파제와 같은 역할을 한다.

만약 하천이나 바닷가 주변의 습지를 모두 매립하여 건물이나 공장을 짓는다면, 홍수가 나거나 해일이 밀어닥칠 때 완충작용을 해 줄 습지가 없어서 그로 인해 더 큰 피해를 볼 수도 있다. 2004년 12월 동남아시아에서는 해저 지진으로 발생한 지

▶▶ 방파제 역할도 하는 미크로네시아의 맹그로브 숲

진해일로 10만 명이 넘는 인명 피해가 났다. 만약에 연안습지에서 자라던 맹그로브 숲이 잘 보전되었더라면 그 숲이 방파제 역할을 해서 피해가 훨씬 줄었을 것이다. 최근에는 지구온난화로 바닷물의 높이가 높아져 바닷가 땅이 파도에 깎여 나가는 해안침식이 큰 문제가 되고 있다. 연안습지는 이러한 해안침식을 막아 주는 역할도 할 수 있다.

▶▶ 침식이 진행 중인 강원도 강릉의 모래 해안

수질 정화

질소나 인처럼 식물이 성장하는 데 필요한 영양분이 과다하게 강이나 호수로 흘러들면 식물플랑크톤의 양도 너무 많이 늘어나 물의 색깔이 녹색으로 변하는 녹조현상이 일어난다. 마찬가지로 바다로 흘러든 과도한 영양염류는 식물플랑크톤을 늘려 바닷물이 붉

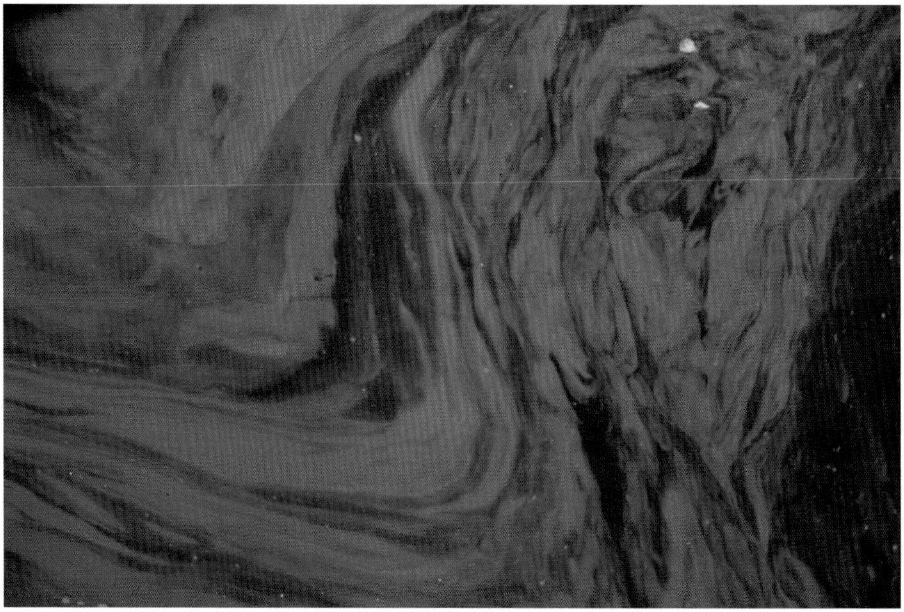

▶▶ 담수호의 녹조

거나 갈색으로 변하는 적조 또는 갈조 현상을 일으킨다. 녹조, 갈조, 적조 현상은 물속 산소 농도를 낮춰 수생생물의 생존을 위협할 뿐 아니라 물속 환경을 오염시키기도 한다. 습지에서 자라는 많은 식물은 물속에 녹아 있는 질소나 인과 같은 영양염류를 흡수함으로써 물을 정화한다. 한편 습지에 사는 미생물도 물속의 유기물질을 분해하여 환경을 깨끗하게 만든다. 이처럼 습지는 수질을 정화하는 하수처리장의 역할도 하고 있어 '지구의 콩팥'이라고도 한다.

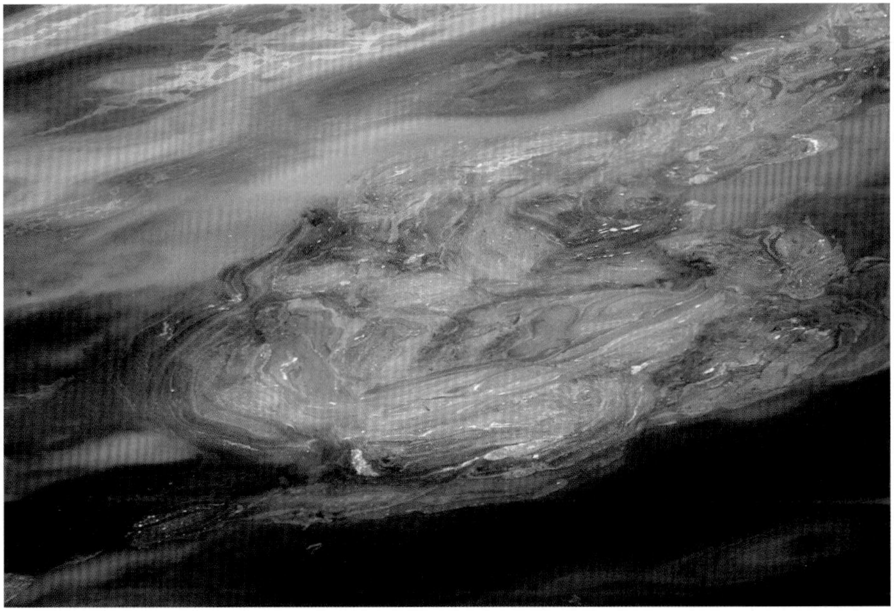

▶▶ 남해안에 나타난 적조 현상

기후 조절

습지는 물의 흐름을 조절하고, 바다와 육지, 그리고 대기 사이에 이루어지는 물의 순환에 중요한 역할을 한다. 물의 순환이란 지구 생태계를 구성하는 바다, 육지, 대기 사이를 물이 액체, 기체, 고체와 같은 서로 다른 상태로 연속적으로 순환하는 과정을 말한다. 바다나 강, 호수 등에서 물이 증발하여 대기 중의 구름이 되었다가, 육상으로 비나 눈의 형태로 내려와 다시 바다나 강으로 흘러드는 과정을 생각하면 된다.

지구 표면적의 약 6퍼센트를 차지하는 습지는 주변 지역의 대기 온도와 습도를 조절한다. 해가 쨍쨍 내리쬐면 습지에서 물이 증발하면서 주변의 열을 빼앗기 때문에 대기 온도가 낮아져 시원해진다. 여름철 뜨겁게 달구어진 아스팔트 위에 물을 뿌리면 시원해지는 것과 같은 이치이다. 습지에서 무성하게 자라는 식물도 지구온난화를 일으키는 온실 기체 가운데 하나인 이산화탄소를 흡수하여 지구가 온실화하는 것을 막아 준다. 대기의 습도가 낮아 건조할 때는 습지의 물이 증발하여 습도를 높여 준다.

▶▶ 물의 순환 _1 물이 습지 표면에서 증발한다.
2 증발한 물은 구름이 된다.
3 구름이 점점 늘어난다.
4 비가 되어 다시 땅으로 내려온다.

1

2

4

3

여가 활동과 문화 관광지

습지는 생태적으로 중요할 뿐만 아니라 경관이 아름다워 생태 관광지로서의 가치도 높다. 많은 습지가 국립공원이나 세계유산World Heritage으로 지정되어 구경하러 오는 사람들의 발길이 끊이지 않는 것이 그 예이다. 우리나라 제주도의 한라산국립공원이나 미국 플로리다의 에버글레이즈 국립공원은 람사르 습지이자 세계유산으로 등록되어 있으며, 세계적으로 유명한 관광지이기도 하다. 또한 이들 습지는 환경 교육을 하는 장소로 활용 가치가 높아 학생들의 생태 체험학습이 이어지고 있으며, 습지 탐사나 조류 관찰 등 생태 관광도 활발히 이루어지고 있다.

▶▶ 제주도 한라산국립공원

그동안 습지의 생태적 가치는 많은 사람들이 여러 곳에서 이야기를 했지만 그 문화적 가치는 거의 다루어지지 않았다. 습지는 지역사회는 물론이고 한 국가의 문화적 유산으로서도 중요한 의미를 갖는다. 한 예로 람사르 습지이자 습지보호지역이기도 한 무안 갯벌에서는 매년 갯벌 축제가 열린다. 2012년 5월에 열렸던 무안갯벌문화제의 하이라이트는 매향제埋香祭였으며, 이 외에도 갯벌 마당극, 농악, 갯벌에서 잡은 낙지를 넣은 비빔밥 먹기 등 다채로운 프로그램으로 마을사람뿐만 아니라 외지에서 온 관람객들의 마음까지 사로잡았다. 습지가 어떻게 문화적 역할을 하는가를 잘 보여준 행사였다. 그 뜻을 널리 알리고 동조하는 마음으로 황해생태지역지원사업(YSESP, Yellow Sea Ecoregion Supporting Project)을 주관하는 한국해양과학기술원과 그 사업을 지원하는 세계자연(보호)기금(WWF, World Wide Fund for Nature)의 관계자들도 행사에 참석했었다.

▶▶ 미국 플로리다 에버글레이즈 국립공원

▶▶ 무안에서 열린 매향제

매향제

갯가 사람들은 부정 타지 않은 향나무를 갯벌에 천년을 묻어 두면 나무가 썩지 않고 침향沈香이라는 최고의 향이 된다고 믿는다. 향나무를 묻을 때에도 특별한 의식 절차를 따르는데, 이때 진행하는 의식을 매향제라 한다. 매향제는 고려와 조선 시대에도 있었다. 천년을 기다려야 하는 약속인 매향은 갯벌을 삶의 터전으로 삼는 사람들에게 희망을 심어 주고, 갯벌의 가치가 자자손손 이어지기를 바라는 소망을 담은 축제이다.

2012년 5월 19일 무안생태갯벌센터에서 매향제가 열렸다. 무안의 월두 마을에서 향나무를 싣고 온 배가 선착장으로 들어오자 배를 맞이하는 '배맞이굿'이 한바탕 벌어졌다. 몸을 깨끗이 한 마을 청년들이 나서서 무안생태갯벌센터 광장에 마련된 제단으로 침향이 될 향나무를 옮기는데 사물놀이패가 그 뒤를 따랐다. 의식에 사용될 3개의 향목을 제단 위에 올려놓고, 쑥을 태운 연기로 향목을 깨끗하게 하는 절차가 이어졌다. 매향에 앞서 관계자들이 나와 갯벌과 갯벌에 사는 생물을 보호하겠다는 약속을 낭독하였다. 그동안 향목을 갯벌로 옮길 청년과 소년들은 하얀 옷을 입고 향목이 부정 타지 않도록 입에 하얀 손수건을 문 채 기다리고 있었다. 낭독이 끝나자 사람들은 향목을 앞세우고 갯벌로 향하였다. 갯벌에 구덩이를 판 뒤 운반해 온 향목을 잘 묻었다. '갯벌에 묻는 몸, 갯벌 속의 인생'이라는 주제로 그 자리에서 펼쳐진 현대무용 공연을 끝으로 매향제는 막을 내렸다.

03
습지의 종류

습지는 크게 바닷가에 있는 연안습지, 육지 안에 있는 내륙습지, 사람이 인공적으로 만든 인공습지로 구분한다. 연안습지에는 바닷물이 드나드는 갯벌, 맹그로브나 해초가 자라는 염습지, 산호가 자라는 산호초 해역 등이 속하며, 내륙습지에는 늪, 수렁, 연못, 호수, 강이 있고, 인공습지에는 논이나 저수지가 포함된다.

▶▶ 미크로네시아의 산호섬

연안습지

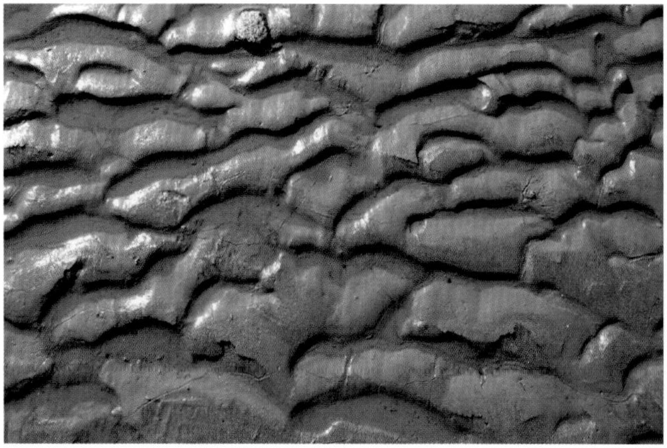

▶▶ 인천광역시 강화도의 펄갯벌

+ 갯벌

간조 때 서해안을 찾으면 석양에 붉게 물든 하늘과, 눈앞에 드넓게 펼쳐지는 황금빛 갯벌이 어우러져 그야말로 장관을 이룬다. 갯벌은 썰물과 밀물에 따라 공기 중에 노출되기도 하고 바닷물에 잠기기도 하는, 바닥이 펄이나 모래로 된 땅을 말한다. 바닥이 진흙이면 펄갯벌, 모래면 모래갯벌, 펄과 모래가 섞여 있으면 혼성갯벌이라 한다.

갯벌은 아무 곳에나 만들어지는 것이 아니다. 갯벌이 만들어지려면 여러 가지 지리적 조건이 필요하다. 갯벌은 강의 하구나 바닷물의 교환이 비교적 적은, 만의 경사가 완만하고 조석의 차이가 큰 조간대에 잘 발달한다. 이런 곳은 많은 양의 진흙이나 모래가 강물에 운반되어 와 쌓이는데 조류나 파도가 약하여 바다 쪽으로 쓸려 나가지 않기 때문이다. 우리나라 서해안과 남해안에 발달한 갯벌은 미국과 캐나다 동해안, 북해 연안, 남아메리카 아마존 강 하구에 발달한 갯벌과 더불어 세계 5대 갯벌에 속한다.

갯벌에 쌓여 있는 모래나 펄 알갱이 사이에는 간극이라 불리는 아주 좁은 틈이 있다. 이 공간은 흙 입자가 작을수록 줄

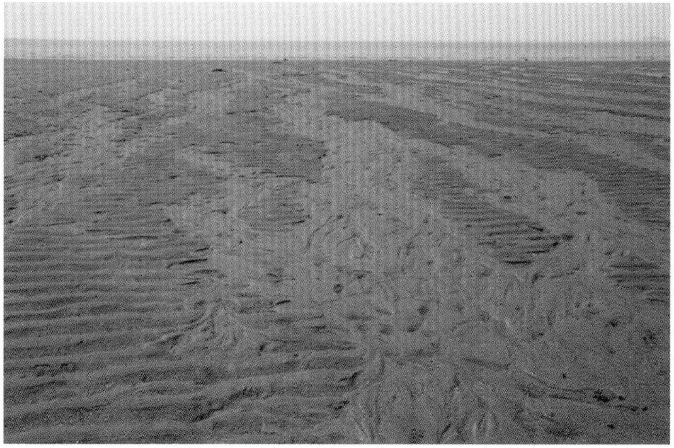

▶▶ 충청남도 태안의 모래갯벌

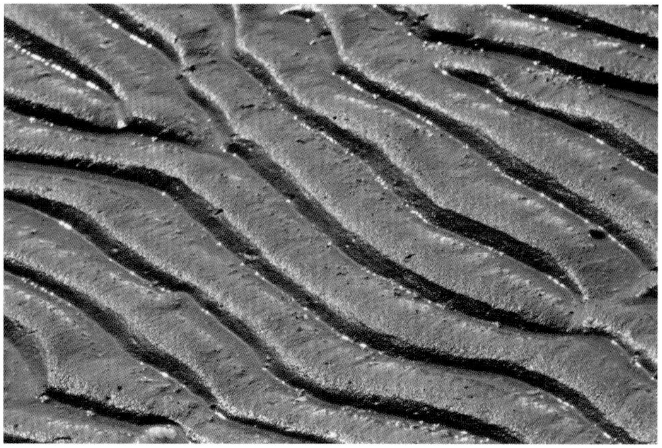

▶▶ 전라북도 고창의 혼성갯벌

어든다. 모래로 된 백사장처럼 간극이 상대적으로 넓은 곳에서는 바닷물이 모래 사이로 자유롭게 움직일 수 있어서 산소를 공급하고 노폐물을 씻어 내기가 쉽다. 그러나 간극이 거의 없는 펄갯벌에서는 바닷물이 흙 속으로 스며들기가 쉽지 않아 산소를 공급하거나 노폐물을 제거하기 어렵다. 펄갯벌 상부 층에는 자연스레 유기물이 쌓이게 된다. 그래도 상층부는 비교적 산소 공급이 원활하지만, 그 아래층은 산소 공급도 잘 되지 않는데 펄 속에 사는 생물들의 호흡 활동으로 점점 산소가 줄어든다. 약 40~60센티미터 깊이로 들어가면 무산소 상태가 된다. 이곳은 산소 없이도 살 수 있는 혐기성 미생물들의 차지가 된다.

갯벌에 쌓이는 유기물질은 이곳에 사는 미생물에 의해 분해되며, 미생물은 다른 생물의 먹이도 된다. 분해된 유기물은 이곳에서 자라는 식물에 양분으로 제공된다. 또한 유기물은 갯지렁이처럼 갯벌에 사는 동물들의 먹이도 된다. 이러한 과정을 거치면서 갯벌 생물들은 갯벌을 깨끗이 청소한다.

+ 모래 해안

주변에 바다로 흘러드는 큰 강이 없고, 바닥의 경사가 심하며, 파도가 강하고 밀물과 썰물의 차이가 적은 해안에서는 갯벌이 만들어지지 않는다. 고운 흙과 작은 모래가 파도에 쓸려가 버려 쌓일 틈이 없어서이다. 대신 굵은 모래로 된 백사장이 발달한다. 주로 해수욕장으로 이용되는 백사장 덕에 사람들에게 모래 해안은 낯익다. 바위 해안이나 갯벌과 달리 모래 해안에서는 다양한 해양생물을 보기가 힘들다. 파도가 칠 때마다 바닥의 모래가 물결에 휩쓸려 나가므로 따개비나 홍합처럼 단단한 바닥에 붙어사는 동물이나 대형 해조류처럼 바위에 붙는 식물이 살 수 없기 때문이다. 대신 모래 위를 기어 다니는 고둥이나, 게처럼 구멍을 파고 사는 생물을 볼 수 있다. 백사장을 꼼꼼하게 관찰하면 쥐며느리처럼 생긴 작은 공벌레가 기어 다니는 것도 볼 수 있다.

▶▶ 경상북도 울진의 백사장

▶▶ 충청남도 태안의 백사장을 기어 다니는 공벌레

+ 자갈 해안

펄이나 모래 대신 자갈로 된 바닷가는 자갈 해안이라 한다. 이런 곳은 파도가 아주 강하여 입자가 작은 진흙이나 모래는 쌓이지 못하고 크기가 큰 자갈만 남아 있다. 자갈은 주변의 바위 해안에서 부서진 돌이 파도에 닳아서 동글동글하게 만들어진다.

인천광역시 옹진군 백령도에는 콩돌해안이라 불리는 곳이 있는데, 이곳 해변의 자갈은 석영으로 된 규암이 파도의 침식작용으로 마모되어 작은 콩알처럼 보인다. 콩돌은 회색, 하얀색, 갈색, 적갈색, 청회색 등 다양한 색깔을 띠며, 파도에 밀려 콩돌이 구르며 내는 소리가 독특하고 재미있다.

콩돌해안처럼 자갈 해안의 돌은 주로 모가 나지 않고 동글동글하다 하여 몽돌이라 하는데, 전라남도 여수시 돌산도의 무술목해안, 경상남도 거제도 학동리의 몽돌해수욕장, 경상북도 울릉도의 통구미몽돌해수욕장, 경상북도 감포의 대왕암 앞 바닷가 등 전국 곳곳에서 몽돌 해안을 볼 수 있다. 몽돌 해안에서도 몽돌이 파도에 휩쓸릴 때마다 나는 소리가 재미있다. 자갈 해안은 파도가 칠 때 자갈이 서로 부딪치며 움직이기 때문에 펄갯벌이나 모래갯벌, 바위 해안과 비교해 생물상이 매우 빈약하다.

▶▶ 백령도 콩돌해안의 자갈

▶▶ 경상북도 감포 대왕암 앞 자갈 해안

+ 바위 해안

모래나 펄, 자갈로 된 해안과 달리 바위 해안은 바닥이 단단하다. 그래서 바닥에 붙어사는 다양한 저서생물을 만날 수 있다. 바위에는 홍합이나 따개비가 송곳 하나 들어갈 틈도 없이 빽빽하게 붙어 있다. 총알고둥처럼 기어 다니는 연체동물도 흔히 볼 수 있다. 또한 바닥에 단단히 붙어사는 해조류도 무성하게 자란다.

바위 해안은 해안 절벽이나 해식동굴, 시아치sea arch나 시스택sea stack과 같이 경치가 뛰어난 곳이 많아 관광지로도 훌륭한 자원이 된다. 독도의 독립문바위처럼 아치 모양으로 생긴 바위가 시아치이며, 제주도 중문의 외돌개외돌괴나 강원도 삼척의 촛대바위처럼 바다 한가운데 우뚝 솟아오른 바위는 시스택이라 한다. 시아치와 시스택은 바다로 튀어나온 암석이 파도에 깎여 만들어진다. 암석의 약한 부분이 파도에 깎이면 굴이 생기고, 바위 양쪽에 생긴 굴이 서로 관통하게 되면 터널 같은 시아치가 된다. 시아치의 윗부분이 풍화하여 떨어져 나가면 시스택이 만들어진다

▶▶ 강원도 삼척의 바위 해안(오른쪽)과 홍합, 따개비, 굴 등 해양 생물이 다닥다닥 붙어 있는 바위(왼쪽)

▶▶ 바위 해안 _1 제주도 중문의 주상절리 해안 절벽
2 경상남도 거제도 해금강 해식동굴
3 경상북도 독도 독립문바위(시아치)
4 강원도 삼척 촛대바위(시스택)

1

2

3

4

+ 해조 숲

수심이 얕고 바위가 많은 바닷가에는 해조류가 무성하게 자란다. 이런 곳을 해조 숲이라고 하며, 육지의 숲처럼 바닷속 동물들이 살기 좋은 환경을 만들어 낸다. 해조류를 먹고 사는 성게나 고둥, 전복 등이 모여들고 이들을 잡아먹는 불가사리와 어류의 수도 늘어난다. 울창한 해조 숲은 물고기들에게 먹이뿐 아니라 포식자를 피해 숨을 수 있는 좋은 은신처도 되어 준다. 해조는 단단한 바닥에 붙어 살아가므로 주로 바위가 많은 해안에서 숲을 이룬다.

서해의 백령도, 남해와 동해의 바위가 많은 바닷가에 가면 해조 숲을 볼 수 있다. 해조는 육상식물과 반대로 수온이 낮은 겨울에 잘 자라기 때문에 해조 숲은 여름보다는 겨울에 더 무성하다.

▶▶ 동해안 바위에 붙어 자라는 갈조류인 모자반 종류

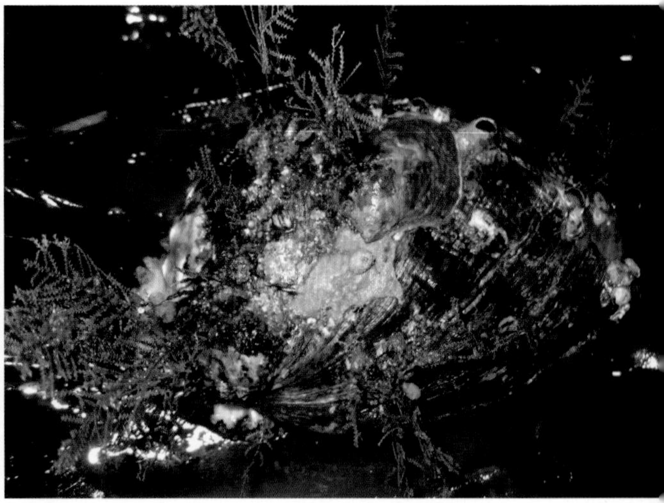

▶▶ 해조 숲에 사는 전복

+ 잘피밭

잘피는 바닥이 뻘이나 모래로 된 얕은 바다에 뿌리를 내리고 사는, 벼처럼 가늘고 긴 잎을 가진 식물이다. 거머리말, 게바다말, 새우말 등이 잘피 종류이며, 이들은 물관과 체관이 모여 있는 관다발이 발달한 관속식물로 꽃이 피고 씨앗을 맺는다. 이런 종류를 해초라고 한다. 잘피가 자라는 얕은 바다에는 이를 먹는 물고기, 바닷새, 바다거북, 바다소해우 등이 모여들고, 포식자를 피해 이곳으로 숨어드는 동물도 있다. 수산물로서 가치가 있는 새우, 게, 가리비도 잘피밭에 많다. 잘피는 우리나라 주변 바닷가에 살지만 주로 남해안과 동해안에서 잘 발달하여 잘피밭을 만든다.

사람들은 해초와 해조를 같은 것으로 혼동하기도 하는데 이 둘은 식물분류학적으로 차이가 크다. 고등식물인 해초와 달리 해조는 하등식물로 색깔에 따라서 녹조류, 갈조류, 홍조류로 나뉜다. 식탁에서 쉽게 만나 친숙한 해조의 종류로는 녹조류인 파래, 갈조류인 미역과 다시마, 홍조류인 김 등이 있다.

▶▶ 미크로네시아의 잘피밭

+ 산호초

탄산칼슘으로 된 골격을 갖는 돌산호가 대규모로 모여서 만들어진 암초로, 그 종류는 거초, 보초, 환초로 나뉜다. 거초는 해안선을 따라 만들어진 산호초이며, 보초는 산호초와 섬 사이에 석호가 있는 산호초를 말한다. 환초는 섬 주변에 원형으로 산호초가 만들어졌으나 가운데 있던 섬이 바다로 가라앉아 반지 모양의 석호만 남고 육지가 없

▶▶ 미크로네시아의 산호초

▶▶ 미크로네시아의 산호초섬

는 경우이다.

산호초는 아주 복잡한 지형을 나타내 해양 생물이 천적을 피해 숨어 살기 좋은 곳이라 열대우림에 버금가는 높은 생물다양성을 보인다. 산호초를 만드는 산호는 수온이 높은 곳에 살기 때문에 수온이 항상 20℃ 이상을 유지하는 열대 지방에서만 산호초를 볼 수 있다.

▶▶ 산호초

+ 맹그로브 숲

맹그로브는 열대 바닷가에서 자라는 나무이다. 맹그로브 숲은 전형적인 열대 연안습지로, 겨울이 있는 우리나라 바닷가에서는 볼 수 없다. 물속에 잠겨 있는 맹그로브의 뿌리는 파도에 퇴적물이 씻겨 나가지 않도록 하여 습지를 보호한다. 해일과 파도로부터 연안 지역을 보호해 주기도 해서 사람들은 일부러 맹그로브 숲을 조성하기도 한다. 복잡하게 얽혀 뻗은 맹그로브 뿌리는 물고기를 비롯한 해양 생물에게 숨을 장소를 제공하기 때문에 맹그로브가 자라는 곳에는 많은 해양 생물이 모여들어 산다. 이 사실을 잘 알고 있는 지역 주민들은 맹그로브 숲에서 물고기나 게를 잡는다. 또 맹그로브로 숯을 만들어 생계를 꾸리기도 한다. 맹그로브 숲은 물속 생물뿐 아니라 너구리, 살쾡이, 족제비와 같은 육상 포유동물도 보금자리로 삼는다.

▸▸ 열대 해역에 발달한 맹그로브 숲

+ 석호

사주로 바다와 격리된 호소인 석호는 연안습지의 한 종류이다. 사주는 해류나 조류와 같은 바닷물의 흐름, 하천 또는 바람에 의해 운반된 모래가 해안을 따라 쌓여서 만들어진다. 석호는 바다와 수로로 연결되어 있거나 바닷가에 있기 때문에 바닷물이 스며든다. 담수호에 비해 염분이 높은 기수호가 많은 이유이다.

우리나라는 고성의 화진포, 삼일포와 송지호, 속초의 청초호와 영랑호, 강릉의 경포호 등 주로 강원도 동해안을 따라 석호가 발달하였다. 민물과 바닷물이 섞이는 곳이라 민물에 사는 플랑크톤은 물론 윤충인 케라텔라*Keratella* 종류처럼 기수에도 살 수 있는 플랑크톤이 발견된다.

▶▶ 우리나라의 석호_1 강원도 강릉 경포호
2 강원도 속초 청초호
3 강원도 고성 화진포

+ 삼각주

바다로 흘러드는 강의 하구에 흙과 모래가 쌓여 만들어진 지형이다. 흔히 삼각형 모양을 이루어 삼각주라고 부르지만 항상 삼각형인 것은 아니다.

우리나라에서는 낙동강 하구에서 가장 잘 발달된 삼각주를 볼 수 있다. 강물의 흐름이 느려지면서 강물이 운반해 온 모래가 낙동강 하구에 쌓여 대규모 삼각주가 만들어졌다. 그러나 1980년대 후반 낙동강 하구언 공사를 마치고 나서는 바다로 흘러 들어가는 모래가 줄어들면서 낙동강 하구의 삼각주 크기가 줄어들고 있다. 특히 철새 도래지로 유명한 을숙도의 갈대숲도 크게 줄어, 겨울이면 이곳을 찾던 철새의 수도 따라서 줄어들었다.

▶▶ 낙동강 하구의 삼각주

내륙습지

+ 하천

빗물이나 땅 위를 흐르는 물이 모여서 물길을 이루어 흐르는 것을 하천이라 하며, 규모가 큰 것은 강江, 작은 것을 내 또는 천川이라 한다. 하천은 대부분 높은 산에서 발원하여 계곡을 이루며 낮은 곳으로 흐른다. 작은 천들은 큰 강으로 흘러들고, 강물은 바다로 흘러 들어간다. 강 주변에는 내륙습지가 만들어지는데, 하천의 수량에 따라 물에 잠기기도 하고 드러나기도 한다.

▶▶ 낙동강

+ 호소

호수나 늪처럼 땅이 움푹 패여 물이 고여 있는 곳을 호소라고 한다. 흔히 호소 가운데 면적이 넓고 가장 깊은 곳의 수심이 5미터보다 깊으면 호수라 하고, 면적이 좁고 깊이가 얕으면 늪 또는 소沼라고 한다. 호소는 지각운동이나 빙하작용, 화산 폭발, 침식작용 등으로 만들어진다.

우리나라는 지각운동이나 화산 활동이 적어 동해안의 석호와 한라산 백록담을 제외하면 자연 호수가 거의 없다. 호소에는 다양한 동식물이 사는데, 식물로는 물가에서 갈대와 부들을 포함한 습지식물을, 물속에서 검정말을, 물 위에서는 연이나 수련을 볼 수 있다. 동물로는 수서곤충이나 어류, 양서류 등을 볼 수 있다.

▶▶ 화산 활동으로 만들어진 제주도 한라산 백록담

인공습지

+ 저수지

흐르는 물을 저장하여 물의 양을 조절하는 인공 시설이다. 생활용수나 농업용수 등으로 사용할 물을 하천에서 충분히 확보할 수 없을 때에 물을 얻을 수 있는 중요한 시설이다. 경기도 청평호처럼 수력발전에도 이용되며, 관광자원으로도 활용된다. 뿐만 아니라 다양한 습지식물이 자라는 등 독특한 습지 생태계가 만들어진다.

우리나라 저수지는 『삼국사기』에 기록이 있을 만큼 역사가 오래 되었다. 전라북도 김제의 벽골제는 서기 330년에 축조되었고, 충청북도 제천의 의림지는 861년에 만들어졌다. 1970년대 들어와서는 삽교호처럼 바닷물을 막기 위해 쌓은 방조제로 대규모 호수가 만들어지기도 하였다.

+ 논

물을 채워서 식물을 재배하는 땅을 논이라 한다. 기록에 의하면 우리나라는 삼국시대부터 논두렁을 만들고 그 안에 물을 채워 벼 등을 재배하였다. 논의 원래 목적은 식용하는 식물을 재배하는 것이지만, 습지에 사는 생물들에게는 중요한 서식지가 되어 준다. 그러나 최근에는 생산량을 늘리려고 살충제나 제초제 등을 지나치게 많이 사용하여 더 이상 습지생물의 서식지로서 기능을 하지 못한다. 논은 전 세계의 총경작지 면적 가운데 약 10퍼센트 정도를 차지하며, 주로 아시아의 열대에서 온대 지역에 걸쳐 집중되어 있다.

▸▸ 인공 저수지인 경기도 청평호

▸▸ 충청남도 태안의 논

+ 염전

바닷물을 끌어들여 가둔 후 햇볕 등을 이용하여 소금을 얻는 곳이다. 주로 바닷물을 끌어들이기 쉬운 갯벌 인근에 만든다. 우리나라 서해안은 조석 간만의 차가 크고 일조량이 많아 염전을 만들기에 적당하여 크게 번성한 적도 있었으나, 지금은 많이 줄어들었다. 인공습지이기는 하지만 워낙 염분이 높은 물이 고여 있는 곳이라 생물이 살기에는 적합하지 않아서 생태학적 중요성은 그다지 높지 않다.

+ 운하

배의 항해나 물을 공급하기 위해 인공적으로 만든 물길인 운하는 인간의 편의를 위해 만들어지지만 생태계에는 부정적인 영향을 미치기도 한다. 한 예로 파나마 운하가 완성되어 지리적으로 격리되었던 태평양과 대서양이 연결되었지만, 운하의 물길을 통해 양쪽 바다에 살던 해양 생물들이 새로운 환경으로 유입되어 토착 생태계를 교란시키는 일이 벌어졌다.

우리나라에서도 경인운하를 건설하겠다는 계획이 발표되자, 한강의 담수 생태계와 인천의 해양생태계가 운하로 연결되어 환경문제가 발생하게 될 것이라는 예측이 제기되었다. 오랜 논란 속에서도 2011년 경인 아라뱃길이 만들어져 한강과 서해는 연결되었다.

▸▸ 충청남도 태안 안면도의 염전

▸▸ 한강과 서해를 연결하는 운하인 경인 아라뱃길

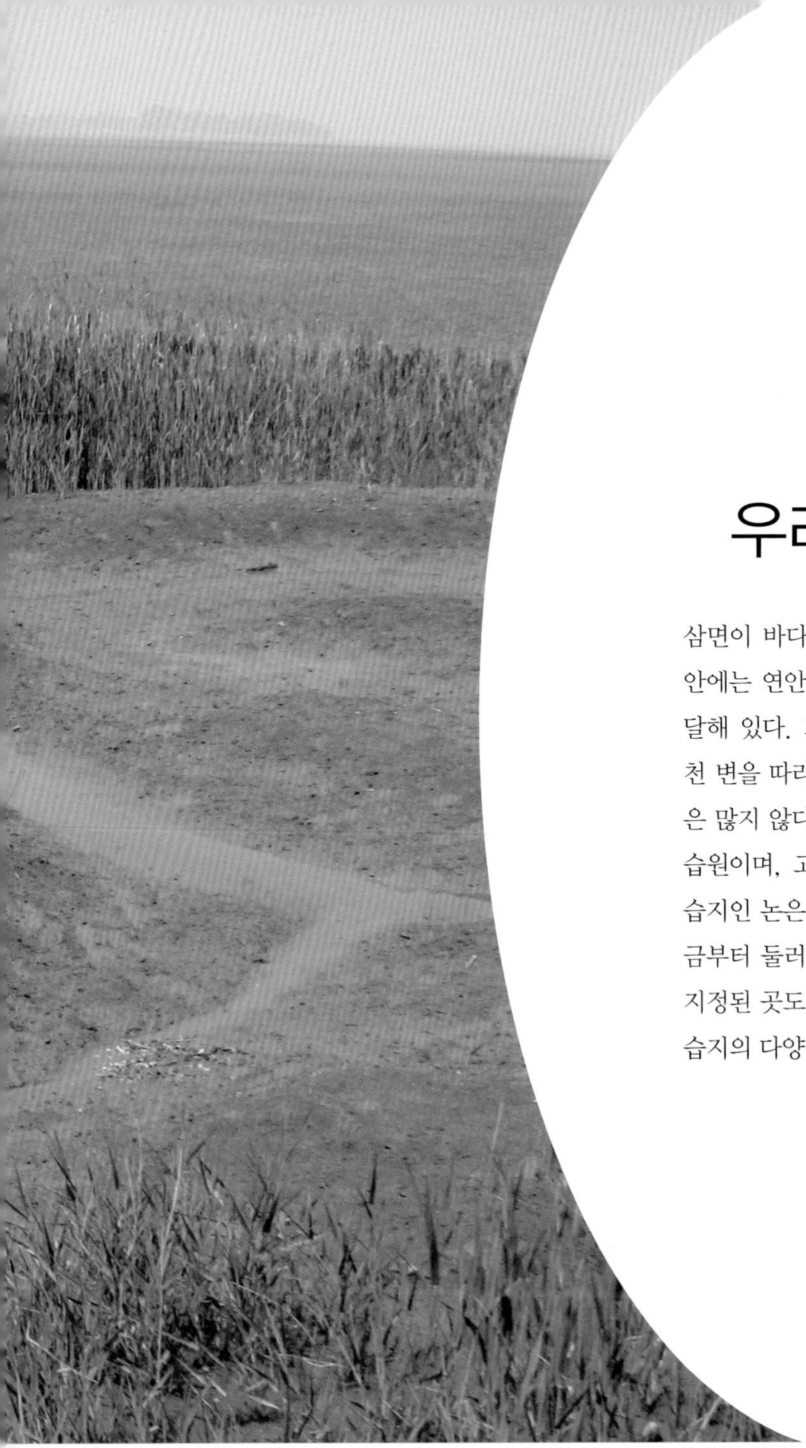

04
우리나라의 **자연 습지**

삼면이 바다로 둘러싸여 있는 우리나라의 서해안과 남해안에는 연안습지인 갯벌이 세계적으로 유명할 만큼 잘 발달해 있다. 그러나 내륙습지는 크게 발달하지 못했다. 하천 변을 따라 저층습원은 있으나, 산지에 위치한 고층습원은 많지 않다. 낙동강 배후습지인 우포늪이 대표적인 저층습원이며, 고층습원으로는 대암산 용늪이 유명하다. 인공습지인 논은 우리나라에서 가장 넓은 면적의 습지이다. 지금부터 둘러볼 습지들은 습지보호지역이나 람사르 습지로 지정된 곳도 있고 지정되지 않은 곳도 있지만 어느 곳이든 습지의 다양성을 보여주는 곳이다.

▶▶ 전라북도 줄포만 갯벌

▶▶ 지도로 보는 한국의 습지 (출처:국립습지센터http://www.wetland.go.kr)

연안습지

+ 강화도 갯벌

면적이 약 353제곱킬로미터에 달하는 대규모 연안습지이다. 인천광역시 강화도 남단 여차리에서 동막리, 동검리에 이르는 연안은 바닷물이 빠지면 육지로부터 6킬로미터 가까이 갯벌이 펼쳐져 그 끝이 보이지 않을 정도이다. 석모도나 볼음도가 있는 서쪽으로는 약 10킬로미터에 달하는 갯벌이 발달해 있다. 강화도 주변은 온통 갯벌이기 때문에 강화도를 갯벌에 둘러싸인 섬이라고 해도 틀린 말은 아니다.

강화도 갯벌에서는 노랑부리백로, 저어새, 두루미, 검은머리갈매기 같은 물새를 관찰할 수 있을 뿐 아니라 다양한 갯벌 생물도 만날 수 있다. 강화도 갯벌에 대한 자세한 정보는 강화갯벌센터(http://tidalflat.ganghwa.incheon.kr)에서 얻을 수 있다.

▶▶ 인천광역시 강화도 갯벌

+ 줄포만 갯벌

2006년 습지보호지역으로 지정된 전라북도 부안군의 줄포만 갯벌은 면적이 3.5제곱킬로미터이며, 펄갯벌과 모래갯벌이 섞여 있다. 근처의 줄포항은 진흙이 쌓이면서 수심이 얕아져 항구로서 기능을 하지 못해 1938년 이웃한 곰소항에 그 역할을 넘겼다. 그러나 군산항에 이어 전라북도에서 두 번째로 큰 어항이었던 곰소항도 진흙의 퇴적으로 수심이 얕아져 줄포만 입구에 있는 격포항으로 역할을 넘겨주어야 할 처지에 놓였다. 인근에 대규모 간척사업으로 생긴 새만금방조제가 있어서 앞으로 줄포만 갯벌에 변화가 올 수 있다.

줄포만 갯벌에는 나문재, 칠면초와 같은 염생식물이 자라는 등 100여 종이 넘는 생물이 살고 있다. 부안자연생태공원이 조성되어 있는 줄포만 갯벌은 2010년 2월에 람사르 습지로 등록되었다.

+ 고창 갯벌

전라북도 고창군 흥덕·부안·심원·해리·상하 면에 걸쳐 발달한 갯벌로, 면적은 63.7제곱킬로미터에 달한다. 부안면 상포리와 심원면 두어리 일대의 갯벌은 2007년 습지보호지역으로 지정되었으며, 2010년에는 고창 갯벌과 습지보호지역 40.6제곱킬로미터가 람사르 습지로 등록되었다.

고창 갯벌에서는 갯지렁이 종류 27종, 조개와 같은 연체동물 21종, 갑각류 16종, 바닷가에 사는 염생식물 22종, 바닷새 57종 등 다양한 생물이 살아가고 있다. 그중 20여 종에 달하는 물고기, 10종에 달하는 조개, 3종의 게와 해조류 등을 식용으로 잡는다.

▶▶ 개막이가 설치되어 있는 전라북도 줄포만 갯벌

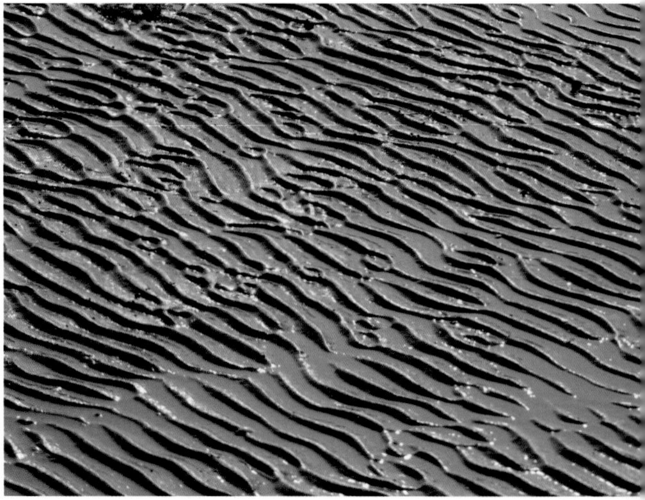

▶▶ 전라북도 고창 갯벌(오른쪽)에 파도가 만들어 놓은 물결무늬(왼쪽)

+ 무안 갯벌

전라남도 무안군 현경면과 해제면 일대에 있는 연안습지이다. 2001년 첫 번째로 습지보호지역으로 지정되었으며, 2008년 1월 람사르 습지로 등록되었다. 2009년에는 무안생태갯벌센터(http://getbol.muan.go.kr)가 완공되어 갯벌을 과학적으로 관리하고 있으며, 갯벌 체험 프로그램도 운영하고 있다. 한국해양과학기술원에서는 황해생태지역지원사업을 통해서 무안 갯벌의 환경을 보호하고 있다.

무안 갯벌에는 칠면초, 나문재, 해홍나물, 갯잔디 등 다양한 염생식물이 자라고 있다. 최근 무안생태갯벌센터에서 조사한 결과를 보면 이곳 갯벌에 사는 대형 저서동물은 모두 236종이다. 이 가운데 조개류처럼 연체동물에 속하는 것이 76종으로 가장 많고, 갯지렁이가 속하는 환형동물이 70종, 게나 새우 등이 포함되는 절지동물이 70종, 기타 생물이 20종이었다.

+ 진도 갯벌

진도는 해안선이 복잡하여 작은 만이 많으며, 만의 내부에는 소규모 갯벌들이 있다. 갯벌의 중요성을 제대로 알지 못했던 시절에 많은 갯벌을 매립하여 농경지로 바꾸어 다른 갯벌에 비해 규모는 크지 않다. 주변에 오염원이 많지 않아 갯벌 환경은 비교적 좋은 편이다. 진도 갯벌에서는 바지락, 맛, 꼬막, 대합, 낙지 등이 잡히고, 굴과 김을 양식하고 있어 주민들의 경제활동에 도움이 된다. 2002년 12월에 습지보호지역으로 지정되었다.

매년 음력 2월과 6월에는 진도 고군면 회동리와 모도 사이에 폭 30~40미터, 길이 2.8킬로미터의 바닷길이 열린다. 많은 관광객이 찾는 이 바닷길은 조석 간만의 차가 가장 큰 날 바닷물이 빠지면서 수심이 얕은 바다의 바닥이 드러나 만들어진다.

▶▶ 갯벌 보전을 기원하는 솟대가 서 있는 전라남도 무안 갯벌

▶▶ 전라남도 진도 갯벌

+ 순천만 갯벌

순천만은 동쪽으로는 여수반도, 서쪽으로는 고흥반도 사이에 자리 잡고 있다. 넓은 갯벌과 염습지가 발달하였고, 주변에 오염원이 적어 깨끗한 환경을 유지하고 있다. 이사천과 동천이 순천만으로 흘러들어 바다와 만나는데, 많은 이들이 사진으로 찍어 유명한 S자 형태의 물길이 바로 이곳이다. 순천만은 계절마다 다른 풍경을 보여 준다. 갈대가 한창 자라는 봄과 여름에는 초록빛 물결로 뒤덮이고, 칠면초가 붉은빛을 띠는 가을에는 붉은 양탄자를 깔아 놓은 듯하며, 갈대가 누런빛을 띠는 겨울이면 온통 황금빛 바다를 이룬다.

순천만 갯벌의 우거진 갈대밭으로는 많은 철새들이 날아든다. 진귀한 흑두루미, 노랑부리저어새, 검은머리물떼새, 먹황새를 비롯해 약 220종의 새들을 이곳에서 만날 수 있다. 천연기념물 228호로 지정되어 있는 흑두루미는 봄부터 초가을까지는 러시아의 아무르 강과 바이칼 호 인근에서 살다가 우리나라와 일본에서 겨울을 나기 때문에 우리나라에서는 겨울철에만 볼 수 있다. 순천만 갯벌의 자세한 정보는 순천만자연생태공원(http://www.suncheonbay.go.kr)에서 얻을 수 있다.

▶▶ 순천만 갈대밭

▶▶ 순천만 습지의 해넘이

▶▶ 순천만의 다양한 습지 환경과 S자 물길

+ 태안 모래갯벌과 신두리 사구

충청남도 태안군에는 모래갯벌이 잘 발달하여 유명한 해수욕장이 많다. 모래가 끝없이 깔려 있는 해변을 북쪽부터 몇 군데 살펴보면 학암포, 신두리, 백리포, 천리포, 만리포, 몽산포, 달산포, 청포대 등이 있고, 안면도로 들어가면 삼봉, 기지포, 안면, 두여, 밧개, 방포, 꽂지, 샛별, 장삼포, 장돌 등 이루 헤아릴 수 없이 많다. 그 가운데는 만리포나 꽂지 해변처럼 여름철이면 피서객들에게 인기 있는 유명 해수욕장도 있다. 모래갯벌에는 펄갯벌에서 볼 수 없는 황해비단고둥이나 엽낭게 등이 산다.

충청남도 태안군 원북면 신두리 모래갯벌 일대에는 해안사구가 잘 발달하였다. 모래언덕이란 뜻의 사구는 모래가 바람 등에 의해 쌓여 언덕을 이룬 것으로 해안에서는 파도의 영향을 받기도 한다. 신두리 사구는 해안선을 따라 폭 0.2~1.3킬로미터로 약 3.4킬로미터에 걸쳐 길게 자리 잡고 있어 마치 사막에 온 것 같은 분위기를 느낄 수 있다. 신두리 사구는 2001년 문화재보호구역으로, 2002년에는 해양생태계보호구역과 습지보호지역으로 지정되었다.

▶▶ 충청남도 태안의 모래갯벌

▶▶ 해당화가 핀 태안의 신두리 사구

+ 백령도 바위 해안

서해의 가장 북쪽에 자리 잡고 있는 백령도는 경치가 좋아 관광지로 유명하다. 특히 두무진의 선대암은 신의 작품이라 불릴 만큼 기암절벽이 절경이라 서해안의 해금강이라고 불러도 손색이 없다. 천연기념물 392호로 지정된 콩돌해안은 형형색색의 작은 조약돌이 쌓여 만들어졌다. 섬 주변의 평평한 바위에서는 일광욕을 즐기는 잔점박이물범을 볼 수 있고, 바위 절벽에서는 날개를 쉬는 가마우지들을 만날 수 있다.

▶▶ 바위로 된 백령도 두무진의 선대암(아래)과 해안 절벽에 내려앉은 가마우지(위)

+ 화진포

동해안에서 가장 큰 호수인 화진포는 강원도 고성군 거진읍에 있다. 둘레가 16킬로미터이고, 면적은 2.3제곱킬로미터이다. 바다와 호수가 어우러진 경치가 아름다워 유명한 사람들의 별장이 많았다. 소나무 숲이 호수 주변을 둘러싸고 있으며, 수심이 얕고 조개껍데기가 부서진 하얀 모래가 깔려 있다.

주변에 있는 화진포 해양박물관(http://www.hwajinpoaquarium.com)은 바다에 사는 조개, 게, 산호 등의 표본은 물론 오래전 멸종한 해양 생물의 화석을 전시하고 있다. 대형 수조에서는 살아 있는 해양 생물도 볼 수 있다.

+ 송지호

강원도 고성군 죽왕면에 있는 호수로, 둘레는 6.5킬로미터이다. 1977년 국민관광지로 지정되었으며 근처에 송지호 해수욕장과 낚시터가 있다. 호수 주변으로 많은 철새들이 날아들어, 2007년에는 새를 관찰할 수 있는 송지호 철새관망타워가 문을 열었다. 이곳에는 박제된 조류를 전시한 조류박제전시관, 송지호를 내려다볼 수 있는 전망대 등도 있다.

▸▸ 강원도 고성 화진포

▸▸ 강원도 고성 송지호

+ 청초호

강원도 속초시에 있는 둘레 5킬로미터, 면적 1.4제곱킬로미터 크기의 석호이다. 미시령에서 흘러내리는 청초천이 이곳으로 흘러든다. 좁은 수로로 동해와 연결되어 있는 청초호는 작은 배들이 드나들 수 있어 속초의 내항으로 활용되고 있다. 주변에 있는 엑스포타워(1999년 열렸던 99강원국제관광엑스포 상징탑)가 눈길을 끄는데, 탑의 전망대에서는 청초호를 한눈에 내려다볼 수 있다.

+ 경포호

강원도 강릉시에 있는 석호이다. 주변의 하천으로부터 물이 유입되며, 동해 만조 때에는 경포호로 바닷물이 들어오기도 한다. 예전에는 물이 거울처럼 맑다고 하여 경호鏡湖라고도 하였으나, 지금은 수질이 악화되어 그 이름이 부끄러울 정도이다. 1910년대에는 면적이 지금보다 넓어 1.6제곱킬로미터였지만, 농경지로 개간하면서 점점 줄어들었다. 강릉시에서는 2005년부터 농경지 일부를 매입하여 습지로 복원하는 사업을 진행해서 2013년 4월 습지공원으로 문을 열었다.

▶▶ 강원도 속초 청초호

▶▶ 강원도 강릉 경포호

+ 한강 하구

한강 하구의 습지는 경기도 김포시, 고양시, 파주시와 강화군 일대에 걸쳐 자리 잡고 있다. 한강과 임진강이 만나는 곳을 중심으로 만들어진 성동 습지, 시암리 습지, 곡릉천 하구 습지는 대표적인 하구습지이다. 특히 장항 습지는 연안습지와 내륙습지 특성을 모두 지니고 있으며, 육상식물인 버드나무가 많아 독특한 경관을 보인다. 한강 하구는 우리나라 큰 강 가운데 유일하게 하구둑으로 막히지 않은 하구로 생물다양성이 풍부하고, 한국전쟁 이후 남북 분단 상황으로 약 60년 동안 인간의 발길이 닿지 않아 생태계가 잘 보전되어 있다. 2006년 4월 17일에 습지보호지역으로 지정되었다.

이곳 습지에 사는 식물로는 바닷물이 영향을 미치는 곳에는 새섬매자기, 갈대, 세모고랭이, 천일사초 등 염분에 강한 식물이 주로 자라고, 민물이 있는 곳에는 버드나무가 많으며 모새달, 물억새 등도 눈에 띈다. 어류로는 줄납자루, 가시납지리, 중고기, 얼룩동사리, 두우쟁이, 떡붕어, 배스 등이 서식한다. 양서류로는 도롱뇽, 두꺼비, 청개구리, 참개구리, 옴개구리, 아무르산개구리, 북방산개구리, 황소개구리 등 8종이 확인되었으며, 파충류로는 자라, 붉은귀거북, 장지뱀, 줄장지뱀, 누룩뱀, 살모사 등 7종이 발견되었다. 저어새, 흰꼬리수리, 매, 검독수리, 큰기러기, 큰고니, 개리, 재두루미, 가창오리, 재갈매기, 민물가마우지, 왜가리, 흰뺨검둥오리, 까치, 멧비둘기, 참새와 같은 새들도 만날 수 있으며, 두더지, 물윗수염박쥐, 너구리, 오소리, 대륙족제비, 삵, 고양이, 멧돼지, 사슴, 고라니, 청설모, 다람쥐, 쥐와 같은 포유류도 살고 있다.

▶▶ 한강 하구의 장항 습지

+ 낙동강 하구

낙동강은 강원도 태백에서 시작하여 남쪽으로 약 525킬로미터를 흘러 경상남도 김해와 부산광역시를 지나 남해로 흘러든다. 낙동강이 남해와 만나는 곳에는 을숙도를 비롯하여 크고 작은 삼각주가 발달하였다. 삼각주와 주변 바닷가에는 갯벌과 갈대밭이 만들어져 철새와 많은 해양 생물들이 살고 있다. 많은 철새들이 찾아드는 도래지로서 낙동강 하구는 1966년 천연기념물 179호로 지정되었으며, 1988년에는 자연환경보전지역으로, 1999년에는 습지보호지역으로 각각 지정되었다. 2000년부터는 부산 연안 특별관리해역으로도 지정되어 관리받고 있다.

낙동강 하구를 찾는 겨울 철새로는 고니, 큰고니, 쇠기러기, 큰기러기, 청둥오리, 붉은부리갈매기, 흰죽지, 댕기흰죽지 등이 있다. 여름에는 모래사장에서 쇠제비갈매기를, 갈대밭에서는 쇠백로, 쇠물닭, 개개비, 뜸부기, 덤불해오라기를 만날 수 있다. 괭이갈매기는 일 년 내내 볼 수 있는 흔한 바닷새이다. 재첩, 백합, 가무락조개, 띠조개 같은 조개 종류가 살고 있으며, 게 종류로는 달랑게, 도둑게, 길게, 밤게 등을 볼 수 있다. 이외의 자세한 정보는 낙동강하구에코센터(http://wetland.busan.go.kr)에서 얻을 수 있다.

▶▶ 낙동강 하구

내륙습지

+ 두웅 습지

흔히 해안사구의 육지 쪽에는 배후습지가 만들어진다. 빗물이 흘러들지만 바닷물과의 밀도 차이 때문에 흘러나가지 못하기 때문이다. 두웅 습지는 신두리 해안사구의 배후습지이다. 이곳에는 금개구리, 표범장지뱀, 갯쓴바귀 같은 희귀한 동식물이 살고 있으며, 경관이 아름다워 좋은 생태 학습장으로 활용된다. 두웅 습지는 2002년 습지보호지역 지정에 이어 2007년 람사르 습지로도 등록되었다. 두웅 습지는 바닷가에 있지만 바닷물이 스며들지 않아 담수호이며, 호수 바닥이 모래로 되어 있는데도 항상 물이 고여 있는 특이한 곳이다.

▶▶ 충청남도 태안의 두웅 습지

+ 우포늪

원시적인 저층습원이 잘 보존된 우포늪은 우리나라 최대의 내륙습지로, 경상남도 창녕군 유어면 대대리와 세진리 일원에 걸쳐 있다. 면적은 약 128만 제곱킬로미터에 달하며, 주변에 있는 목포늪, 사지포, 쪽지벌까지 합하면 거의 2배 가까이 늘어나 231만 제곱킬로미터가 조금 넘는다. 우포늪은 2008년 우리나라에서 열렸던 람사르 총회에서도 주목을 받았던 곳이다.

수면을 가득 덮고 있는 수생식물들로 우포늪은 초록빛 양탄자를 깔아 놓은 듯하다. 그 사이로 접시같이 둥근 가시연잎이 떠 있다. 연잎을 뚫고 올라온 보랏빛 가시연꽃의 자태는 신비롭기까지 하다. 새벽녘 물안개가 피어오르면 마치 선경에 와 있는 착각이 들 정도이다. 가시연 외에 부들, 갈대, 창포, 줄, 붕어마름과 같은 수생식물도 만날 수 있다. 더 자세한 정보는 우포늪 사이비생태공원(http://www.upo.or.kr)에서 얻을 수 있다.

▶▶ 경상남도 창녕의 우포늪

+ 대암산 용늪

강원도 인제군 대암산 정상 부근에 있는 고층습원인 대암산 용늪은 1966년 비무장지대 생태계를 조사하는 과정에서 사람들에게 알려졌다. 용늪은 하늘로 올라가던 용이 쉬었다 가는 곳이라는 뜻에서 붙여진 이름이다. 1989년 자연생태계보전지역으로 지정되었고, 1997년에는 우리나라에서 처음으로 람사르 습지로 등록되었다. 평균 깊이가 1미터인 늪의 바닥에는 오래전에 죽은 식물이 완전히 분해되지 않고 쌓여 만들어진 갈색의 이탄층이 있다. 이탄층에 있던 꽃가루를 분석해 보니 습지가 지금으로부터 약 4200년 전에 만들어진 것으로 밝혀졌다.

끈끈이주걱이나 통발처럼 벌레를 잡아먹는 신기한 식물이 자라며, 금강초롱, 비로용담 등 세계적으로 희귀한 식물도 만날 수 있다.

ⓒ 양구군청

▶▶ 강원도 인제 대암산 용늪

05
습지에서 만나는 **생물**

습지에 살고 있는 다양한 생물을 한정된 지면에 다 소개하기는 어렵다. 여기에서는 연안습지나 내륙습지에서 흔하게 볼 수 있는 식물과 동물을 추려서 살펴보기로 한다.

▶▶ 필리핀 바탕가스 갯벌

식물

바닷가는 소금기가 섞인 바람이 불고, 물에도 염분이 있어 보통 식물이 살기에는 가혹한 환경이다. 그럼에도 다양한 식물이 뿌리를 내리고 있다. 해안습지처럼 염분이 있는 곳에서 살 수 있는 식물을 염생식물이라 하며 나문새, 해홍나물, 칠면초 등이 있다. 염생식물 외에 바닷가에는 해당화도 곱게 피어 있으며, 연못처럼 민물이 고여 있는 곳에서는 연, 가시연, 수련, 부들 등을 볼 수 있다.

▶▶ 인천광역시 강화도 갯벌의 칠면초 군락

+ 나문재

바닷가에서 자라는 염생식물이며, 속씨식물문 쌍떡잎식물강 석죽목중심자목 명아주과에 속하는 한해살이 식물이다. 생긴 모습은 채송화가 웃자란 것처럼 보이기도 한다. 우리나라 서해안과 남해안을 비롯하여 중국과 일본의 바닷가에서도 볼 수 있다. 잎은 녹색을 띠다가 가을이 되면 붉은색으로 물들고, 마르면 검은색으로 변한다. 봄에 돋아나는 어린 순은 물에 삶아서 나물로도 먹는다.

+ 해홍나물

갯벌에서 흔히 볼 수 있는 한해살이 염생식물로, 속씨식물문 쌍떡잎식물강 석죽목중심자목 명아주과에 속한다. 잎은 통통한 바늘 모양이며, 나문재의 잎보다는 짧고 칠면초의 잎보다는 길다. 칠면초나 나문재와 달리 어릴 때는 붉은색을 띠다가 자라면서 녹색으로 변하였다 가을이 되면 다시 붉은색으로 바뀌는 특징이 있다.

▶▶ 나문재

▶▶ 해홍나물

+ 칠면초

갯벌의 대표적인 한해살이 염생식물이다. 속씨식물문 쌍떡잎식물강 석죽목중심자목 명아주과에 속한다. 바닷물에 잠겨도 생존에 문제가 없어서 갯벌의 하부 조간대에서 주로 볼 수 있다. 어렸을 때는 녹색이지만 자라면서 붉은색을 띤다.

+ 해당화

주로 바닷가 모래땅에서 자라며, 늦봄에서 초여름에 걸쳐 짙은 분홍색이나 흰색의 꽃이 핀다. 속씨식물문 쌍떡잎식물강 장미목 장미과에 속하며, 장미처럼 가시가 있다. 꽃향기가 강해서 꽃잎은 향수를 만들 때 사용하기도 하고, 뿌리는 약재로 쓴다. 사람 키 높이 정도까지 자란다.

▶▶ 칠면초

▶▶ 해당화

+ 연

속씨식물문 쌍떡잎식물강 미나리아재비목 수련과에 속하는 여러해살이 식물로, 연못이나 저수지에서 자란다. 꽃은 여름에 피며, 물속에서 솟아오른 꽃줄기 끝에 달린다. 연잎은 잔털이 많아서 물에 젖지 않아 물방울이 떨어지면 잎 위를 도르르 굴러다닌다. 연잎의 이런 성질을 본떠서 물에 젖지 않는 옷감을 만들었다. 잎은 약재로 사용하고, 땅속줄기인 연근은 먹을 수 있다. 진흙 속에서 자라지만 꽃이 아름답고 깨끗하여 불교에서는 귀하게 여긴다.

+ 가시연

연못이나 늪에서 자라며, 속씨식물문 쌍떡잎식물강 미나리아재비목 수련과에 속하는 한해살이 식물이다. 이름에서 알 수 있듯이 잎과 꽃줄기 전체에 가시가 나 있다. 주름진 잎은 물에 떠 있으며, 앞면은 녹색이고 뒷면은 자주색을 띤다. 여름에 가시가 난 꽃줄기가 잎을 뚫고 올라와 자주색 꽃을 피운다. 씨, 뿌리, 잎을 모두 약재로 사용한다.

▸▸ 연잎

▸▸ 가시연

+ 수련

연처럼 연못이나 저수지에서 자라며, 속씨식물문 쌍떡잎식물강 미나리아재비목 수련과에 속하는 여러해살이 식물이다. 꽃은 연꽃과 비슷해 보이지만 꽃줄기가 물 위로 솟아올라 꽃이 피는 연에 비해 수련 꽃은 물 위에 떠서 피는 것이 다르다. 잎도 연은 둥근 모양이고 물 위로 솟아올라 있지만, 수련은 한 쪽이 갈라져 있으며 잎 역시 수면에 떠 있다.

+ 부들

개울이나 연못 등 습지에서 자라며, 속씨식물문 외떡잎식물강 부들목 부들과에 속하는 여러해살이 식물이다. 영어로는 고양이의 꼬리를 닮았다고 하여 캣테일cattail이라고 한다. 우리 이름인 부들은 꽃가루받이가 일어날 때 부들부들 떨어서 붙여졌다고 한다. 다 자라면 키가 2미터에 달한다. 7월에 노란 꽃이 줄기 끝에 무리를 지어 피는데 수꽃이 위에, 암꽃은 아래쪽에 핀다.

▶▶ 수련

▶▶ 부들

동물

바닷가에서 흔히 볼 수 있는 무척추동물은 해면동물, 강장동물, 연체동물, 절지동물, 환형동물, 극피동물 등이 있고, 척추동물로는 어류와 조류가 있다. 다양한 종류의 동물들이 습지를 보금자리로 살아가고 있다. 수많은 동물을 모두 다룰 수는 없으므로 여기에서는 연체동물로 좁쌀무늬총알고둥과 황해비단고둥, 절지동물로 조무래기따개비, 고랑따개비, 검은큰따개비, 거북손, 갯강구, 무늬발게, 엽낭게, 농게, 흰발농게, 칠게, 밤게, 환형동물로 두토막눈썹참갯지렁이, 극피동물로는 별불가사리, 어류로 말뚝망둑어, 짱뚱어, 조류로 흰뺨검둥오리, 쇠백로, 왜가리 정도를 소개한다.

▶▶ 충청남도 태안 모래사장에 흩어져 있는 조개껍데기

+ 좁쌀무늬총알고둥

고둥은 나선 모양의 껍데기를 한 개 가진 조개 무리를 가리킨다. 고둥류는 배 부분에 발이 있어서 바닥을 기어 다니며 살기 때문에 동물 분류학상 복족류라고 한다.

고둥 종류 가운데 바닷가 바위에서 가장 흔하게 볼 수 있는 고둥은 좁쌀무늬총알고둥이다. 물속이 아닌 건조한 공기 중에 드러나도 잘 견디므로 조간대의 가장 윗부분 바위틈에 다닥다닥 붙어산다. 껍데기에 좁쌀처럼 생긴 무늬가 있다.

+ 황해비단고둥

모래갯벌에 가면 지렁이가 기어간 듯 구불구불 그림이 그려진 것을 볼 수 있는데 황해비단고둥이 기어간 흔적이다. 황해에서만 볼 수 있는 고둥으로 '서해비단고둥'이라고도 한다. 이름에서 느껴지듯이 조개껍데기가 비단처럼 아름답다. 크기는 엄지손톱만 하다.

▶▶ 좁쌀무늬총알고둥

▶▶ 황해비단고둥

+ 조무래기따개비

따개비 종류는 바다에서만 서식한다. 석회질로 된 단단한 삿갓 모양의 껍데기를 가지고 있으며 가슴에는 팔이 달려 있다. 그 가운데 조무래기따개비는 이름으로 알 수 있듯이 다른 따개비에 비해 크기가 작다. 대부분의 개체가 바위에 붙어 있는 껍데기의 밑면 지름이 1센티미터 미만이다. 우리나라 서해, 남해, 동해의 바위 해안에서 흔하게 볼 수 있다. 공기 중에 노출되어도 잘 견디기 때문에 조간대 상부에 많다.

+ 고랑따개비

이름처럼 껍데기에 군데군데 좁고 긴 고랑이 파여 있다. 껍데기 바깥쪽에 있는 세로 줄무늬 때문에 다른 따개비 종류와 쉽게 구분할 수 있다. 껍데기의 밑면 지름은 약 1.5센티미터이다. 우리나라 남해와 서해 남부의 암반 해안에서 주로 볼 수 있으며, 큰 강이 흘러 들어가는 하구 근처에 많다.

▶▶ 조무래기따개비

▶▶ 고랑따개비

+ 검은큰따개비

이름처럼 검은색을 띠며 다른 따개비보다 크다. 껍데기의 밑면 지름이 약 3센티미터 정도 된다. 다른 따개비보다 건조에 약해 조간대의 하부나 썰물 때에도 물에 잠겨 있는 조하대 바위 표면에 붙어 산다. 우리나라 전 연안에서 볼 수 있다.

+ 거북손

겉모습이 거북의 손을 닮았다 하여 붙여진 이름이다. 분류학적으로 따개비와 절지동물문 갑각강 완흉목까지는 같지만 거북손은 따개비과가 아니라 거북손과에 속한다. 여느 따개비와는 모양새가 조금 다르며 껍데기 아랫부분에 자루가 달려 있다. 몸은 황갈색을 띠며, 길이는 3~5센티미터 정도 된다. 우리나라 전 연안의 조간대 하부 바위틈에서 주로 볼 수 있다.

▶▶ 검은큰따개비

▶▶ 거북손

+ 갯강구

바위가 많은 바닷가에 가면 바퀴벌레처럼 재빠르게 움직이는 동물을 쉽게 볼 수 있다. 바로 갯강구이다. 이들은 떼를 지어 살며, 사람 등 천적이 가까이 다가가면 썰물 빠지듯이 달아난다. 몸에는 갈색 바탕에 옥색의 점무늬가 있다. 바닷가에 널려 있는 먹을 만한 것은 가리지 않고 먹는 잡식성이다. 바퀴벌레를 떠오르게 하는 등 보기에는 징그러워도 바닷가를 깨끗하게 청소해 주는 고마운 동물이다.

+ 무늬발게

펄이나 모래 갯벌이 아니라 바위나 자갈이 많은 바위 해안에서 볼 수 있다. 주로 바위틈이나 바위 아래에 숨어 있는 때가 많다. 서해, 남해, 동해 등 우리나라 모든 해안에 살고 있다. 껍데기의 길이는 3~3.5센티미터 정도 되며, 녹갈색이나 황갈색 바탕에 적갈색 점무늬가 있다. 다리에는 보랏빛이 나는 가로 줄무늬가 있다.

▶▶ 갯강구

▶▶ 무늬발게

+ 엽낭게

모래갯벌에 구멍을 파고 무리지어 살며, 다 자라도 껍데기(갑각)의 길이가 1센티미터 내외 정도 되는 아주 작은 게이다. 집게발로 모래 속에 들어 있는 먹이를 골라먹고, 구멍 주변에 뱉어 놓은 모래구슬이 미술 작품처럼 보이기도 한다. 몸의 색깔은 모래와 같은 누런색이고, 크기가 작아서 유심히 관찰해야 눈에 띈다.

▶▶ 엽낭게의 먹이 활동 흔적(위)과 구멍에서 나오는 엽낭게(아래)

+ 농게

수컷의 한쪽 집게발이 다른 한쪽에 비해 유난히 커서 금세 눈에 띈다. 큰 집게발이 붉은색이라 '붉은발농게'라고도 한다. 껍데기의 길이는 2~3센티미터 정도인 데 비해 집게발은 몸통보다 커서 길이가 5센티미터에 달하기도 한다. 그러나 암컷의 집게발은 수컷에 비해 작고 양쪽 발이 대칭이다. 주로 펄갯벌에 구멍을 파고 산다. 수컷은 암컷을 유혹하기 위해 커다란 집게발을 위아래로 흔들며 춤을 추는 습성이 있다.

▶▶ 농게 암컷(왼쪽)과 수컷(오른쪽)

+ 흰발농게

붉은발을 가진 농게와 비슷하게 생겼지만 수컷의 집게발이 흰색이라 '흰발농게'라고 한다. 농게에 비해 크기가 절반 정도밖에 되지 않아 껍데기의 길이가 1~1.5센티미터이다. 흰발농게도 농게처럼 펄갯벌에 구멍을 파고 산다. 멸종위기종 II급으로 지정되어 있을 만큼 개체 수가 많지 않아서 농게처럼 쉽게 만나기는 어렵다.

+ 칠게

동해를 제외하고 우리나라 모든 바닷가 갯벌에서 흔하게 볼 수 있는 게이다. 껍데기의 길이는 3.5~4센티미터 정도 되며, 암컷은 수컷보다 작다. 날씨 좋은 날에는 칠게들이 집게발을 양쪽으로 벌리고 햇볕을 쬐는 모습도 볼 수 있다. 일광욕을 하면 칠게 몸에 붙은 진흙이 하얗게 말라 기생충을 죽일 수 있기 때문이다. 온몸에 하얗게 말라붙은 진흙 때문에 유령처럼 보인다고 영어로는 고스트 크랩ghost crab이라고 한다. 펄갯벌 표면에서 자라는 규조류를 골라먹는다.

▶▶ 흰발농게

▶▶ 짝짓기를 하는 칠게 한 쌍

+ 밤게

게들은 옆으로 걷는다고 알고 있는데, 느릿느릿하기는 해도 앞으로 걷는 게도 있다. 밤게가 바로 그 주인공이다. 모양은 밤톨처럼 둥그렇게 생겼으며, 껍데기 길이는 2센티미터 정도 된다. 갯벌에 살며 작은 물고기나 새우 등 다른 동물을 잡아먹기도 하지만, 주로 죽은 생물을 먹는다. 우리나라 서해안이나 남해안 갯벌에서 볼 수 있다.

+ 두토막눈썹참갯지렁이

환형동물인 갯지렁이는 육상에 사는 지렁이처럼 몸에 마디가 많고 길쭉하게 생겼다. 펄갯벌에 가면 갯지렁이 종류 가운데 두토막눈썹참갯지렁이를 볼 수 있다. 몸 색깔이 푸른빛을 띠어 '청충'이라고도 하며, 큰 것은 길이가 2미터를 넘기도 한다. 갯벌에 굴을 파고 사는데 머리를 굴 밖으로 내밀고 주변의 펄 속에 있는 먹이를 먹는다. 굴 구멍 주변으로 먹이를 먹고 난 흔적이 멋진 그림처럼 보인다.

▶▶ 밤게

▶▶ 먹이를 먹고 있는 두토막눈썹참갯지렁이

+ 별불가사리

불가사리 종류는 몸에 가시가 있는 동물이라는 뜻의 극피동물에 속한다. 그 가운데 별불가사리는 바닷가 바위에서 흔히 볼 수 있는 종류로 별 모양을 닮아 붙은 이름이다. 보통 팔은 5개인데 4개나 6개를 가진 것도 있다. 푸른빛이 도는 자줏빛 바탕에 오렌지색 무늬가 있어 눈에 잘 띈다. 팔이 잘려도 다시 만들어지는 재생 능력을 가졌다.

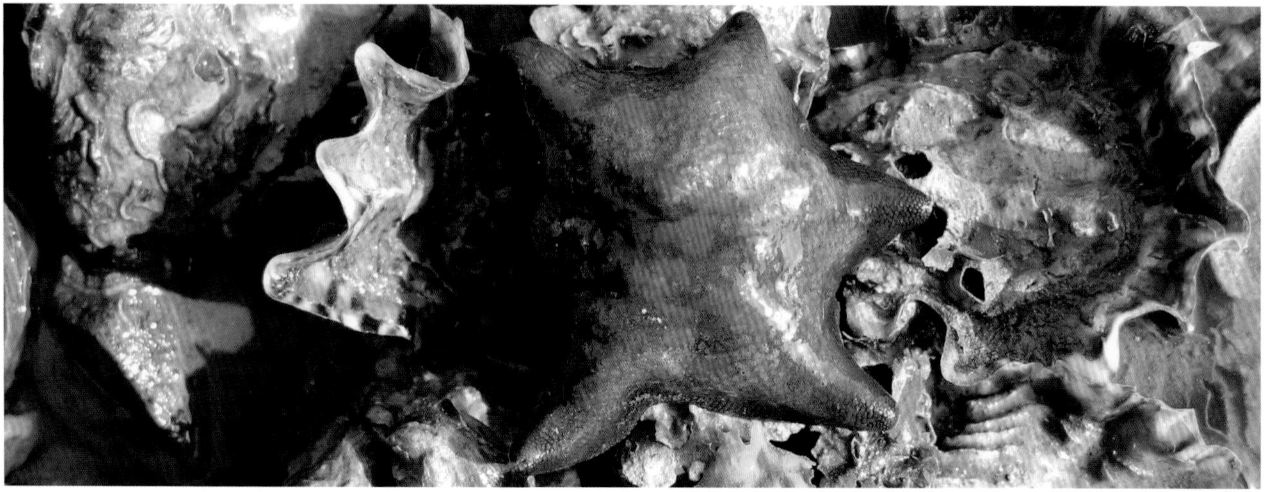

▶▶ 별불가사리

+ 말뚝망둑어

동물 분류학상 조기강 농어목 망둑어과에 속하며, 갯벌에서 흔히 볼 수 있는 물고기이다. 물속을 헤엄치는 여느 물고기와는 달리 튼튼한 가슴지느러미를 이용해 갯벌을 기어 다닌다. 갯벌에 사는 게 등을 잡아먹는다. 머리가 크며 위쪽으로 두 눈이 툭 튀어나와 있다. 몸은 꼬리 쪽으로 가면서 날씬해진다.

+ 짱뚱어

생긴 모습은 말뚝망둑어와 흡사하다. 짱뚱어의 몸 색깔은 푸른빛이 도는 회색이며, 몸 전체에 밝은 푸른빛 나는 반점이 있다. 등지느러미를 세우면 돛처럼 보인다. 펄갯벌을 미끄러지듯 기어 다니며 펄 위에서 자라는 규조류를 먹거나 작은 동물을 잡아먹는다. 겨울잠을 자는 습성 때문에 '잠퉁어'라 부르다가 짱뚱어란 이름이 붙었다.

▶▶ 말뚝망둑어

▶▶ 지느러미를 활짝 펼친 짱뚱어

+ 흰뺨검둥오리

하천, 호수, 연못, 논 등 습지에서 흔하게 볼 수 있는 새이며, 기러기목 오리과에 속한다. 몸길이는 약 60센티미터로 오리 중에서는 큰 편에 속한다. 몸은 짙은 갈색이고 머리와 목은 연한 갈색, 배는 짙은 갈색이며, 날개 끝은 청록색의 금속광택이 나기도 한다. 부리는 검은색이지만 끝부분은 노란빛을 띠며, 다리는 주황색이다. 잡식성으로 주로 수초를 먹지만, 곤충이나 무척추동물을 잡아먹기도 한다.

+ 쇠백로

하천이나 논, 호소 등 물가 습지에서 볼 수 있는 황새목 백로과에 속하는 새이다. 몸길이는 약 60센티미터 정도 되며, 다른 백로에 비해 몸이 작아 쇠백로라는 이름을 가지게 되었다. 몸은 이름처럼 하얀색이고 부리와 다리는 검정색, 발가락은 노란색이다. 물가에서 물고기나 개구리, 뱀, 새우 등을 잡아먹고 산다.

▶▶ 흰뺨검둥오리

▶▶ 쇠백로

+ 왜가리

쇠백로처럼 하천이나 논, 호소 등 물가 습지에서 볼 수 있으며, 황새목 백로과에 속한다. 몸길이는 쇠백로보다 커서 약 90~100센티미터 정도 된다. 등은 회색이며 배 쪽은 흰색이다. 머리는 흰색이며 눈에서부터 머리 뒤쪽으로 검은 줄무늬가 있다. 물가에서 물고기나 개구리, 새우 등을 주로 잡아먹지만 들쥐나 뱀을 먹기도 한다.

▶▶ 왜가리

06
습지를 지키려는 노력

습지는 생명을 잉태하는 자궁과 같은 소중한 땅이다. 그러나 지구 곳곳에서 습지가 훼손되어 줄어들고 있다. 습지는 더 이상 홀대받아서는 안 된다. 우리 모두 아기 돌보듯 습지를 보살펴야 한다.

▶▶ 전라북도 고창 갯벌

사라지는 습지

습지의 중요성을 되새겨 보면, 습지는 쓸모없는 땅이 아니라 여러 모로 소중한 곳임을 알 수 있다. 습지는 인류의 식량 창고이다. 논에서 나는 쌀은 물론이고 갯벌에서 나는 조개, 게, 낙지, 물고기 등은 우리 식탁을 풍성하게 만들어 준다. 습지는 사람들의 건강을 지켜 주는 병원이자 약국이다. 습지에 사는 생물로부터 유용한 물질들을 뽑아 다양한 의약품을 만든다. 습지는 자연재해를 막아 주는 방패이다. 물의 순환을 통해 가뭄과 홍수를 조절하며, 해일을 막는 방파제 역할도 한다. 습지는 온도와 습도를 조절하는 에어컨이자 가습기이며, 물속의 오염물질을 제거하는 정수기이다. 최근에는 생태 환경에 관심이 높아지면서 습지를 찾는 사람의 발길이 끊이지 않아 관광지로도 인기를 끌고 있다. 이처럼 중요한 습지가 개발을 한다는 이유로 그동안 세계 곳곳에서 매립되어 사라졌으며 지금도 사라지고 있다. 세계 인구의 절반은 바다 근처에 살고 있다. 큰 강이 바다로 흘러들어 물을 얻기 쉽고 평평한 해안 지형은 도시를 개발하기에 편리하며, 바다를 통해 물자 운반이 쉬울 뿐 아니라 풍부한 식량 자원도 얻을 수 있기 때문이다. 해안으로 인구가 집중되다 보니 갯벌을 메워 도시와 공업단지를 조성하거나 농지로 만들고 있다.

갯벌이 사라지는 것은 심각한 문제를 일으킬 수 있다. 갯벌에 터를 잡은 해양생물들은 살아갈 보금자리를 잃게 되고, 사람들이 모여 살게 되면 도시 하수나 산업 폐수 등 오염물질이 늘어나기 마련인데 지구의 콩팥 노릇을 하던 갯벌마저 줄어들면 설상가상 오염은 더 심해질 것이기 때문이다. 콩팥이 2개인 사람은 둘 중 하나가 없어도 살 수 있고, 경우에 따라서는 다른 사람의 콩팥을 이식받을 수도 있다. 그러나 지구의 콩팥은 이식받을 수도 없다. 갯벌과 같은 습지는 한번 훼손되면 복원하기가 여간 어려운 것이 아니며, 시간도 오래 걸린다.

▶▶ 사라져 가는 새만금 갯벌

습지를 보전하려는 노력

인류의 미래를 위해서는 습지를 지속가능한 방법으로 이용하는 혜안이 필요하다. 다행스럽게도 환경에 대한 인식이 바뀌면서 습지의 무분별한 훼손은 줄어들고 있다. 많은 나라가 람사르 협약에 가입하여 습지 보전 활동을 벌이는 것도 습지의 중요성을 인식하였기 때문이다. 우리나라도 람사르 협약에 가입하고 습지를 보호하기 위한 노력을 기울이고 있다. 한국해양과학기술원이 중국과 일본의 환경 단체들과 함께 전라남도 무안 갯벌에서 황해생태지역지원사업을 하는 것도 습지를 보호하기 위함이다. 이를 위해 무안 갯벌을 조사하고, 주민이나 학생들에게 갯벌에 대한 교육을 하는 등 다양한 활동을 하고 있다.

습지 보전 활동이 결실을 맺으려면 해당 지역 주민들의 참여가 무엇보다 중요하다. 습지에서 직접 경제활동을 하는 주민의 입장에서 보면 습지 보전이 자칫 경제활동을 위축시키지는 않을까 걱정이 될 수도 있다. 그러나 습지 보전 활동으로 환경이 좋아지면 그만큼 생물의 생산력이 높아지기 때문에 잃는 것보다 얻는 것이 더 많아진다. 우리는 이미 습지의 훼손이 어떤 결과를 가져오는지 시화호 등의 예에서 교훈을 얻었다.

▶▶ 전라남도 무안 갯벌에 대한 조사 활동

▶▶ 무안생태갯벌센터

▶▶ 무안생태갯벌센터의 어린이 교육 프로그램

우리나라는 경제 개발을 위해 서해와 남해 연안에서 갯벌 매립 사업을 추진하였다. 그 결과 새만금 지역과 시화 지역에서 넓은 갯벌이 사라지거나 사라지고 있다. 습지는 생명을 잉태하는 자궁과 같은 소중한 땅이다. 습지가 훼손되면 인류의 미래는 암담할 수밖에 없다. 질척질척한 습지가 귀하게 대접받아야 하는 이유이다.

▶▶ 뭇 생명이 살아가야 할 갯벌

황해생태지역지원사업

습지를 보호하기 위해 다양한 노력들이 이루어지고 있는데, 한국해양과학기술원에서는 황해의 생태 지역을 보전하기 위한 '황해생태지역지원사업(YSESP, Yellow Sea Eco-region Supporting Project)'을 하고 있다. 세계적인 환경 단체인 세계자연(보호)기금(WWF, World Wide Fund for Nature)의 중국과 일본 지부와 함께 사업을 진행하고 있으며, 민간 기업인 파나소닉이 사업비를 지원한다. 이 사업은 황해 생태계를 훼손하는 여러 위협들로부터 생물의 서식지와 다양성을 보전하고 황해 생태계의 중요성을 세계에 알리며, 황해에 인접한 한국, 중국, 일본 세 나라가 황해 생태계 보전을 위해 공동으로 노력하기 위하여 시작되었다.

해양 환경 전문가들이 엄격한 생물학적 평가를 통해 보호할 가치가 있다고 제안한 생태 지역을 대상으로 여러 이해 당사자, 특히 해당 지역에서 직접 보전 활동에 참여하고 있는 단체나 주민들을 지원함은 물론 지역 주민들의 적극적인 참여와 협력을 유도하고 있다. 황해 생태계 환경을 살리기 위해서는 정부와 지방자치단체들의 노력도 필요하지만, 주민이나 환경운동가 등 일반인들의 적극적인 참여와 노력이 무엇보다 중요하기 때문이다. 이를 위해 2007년부터 2009년까지 우리나라의 환경 단체 5군데를 지원하여 이들이 백령도, 한강 하구, 시화호, 무안 갯벌, 제주도 등에서 환경 보전 사업을 진행하도록 하였다. 그 가운데 성과가 가장 좋은 무안 갯벌을 시범사업으로 결정하여 지금도 활동을 지원하고 있다.

무안 갯벌은 해양 저서생물 229종, 어류 22종, 물새 47종, 염생식물 45종 등 아주 다양한 생물이 살고 있는 생명력이 넘치는 곳으로, 우리나라 제1호 갯벌습지보호지역이다. 이러한 갯벌을 현명하게 이용하기 위해서는 갯벌의 보전과 지역 발전이 조화를 이루는 것이 중요하다. 갯벌이 삶의 터전인 지역 주민들의 적극적이고 자발적인 참여를 바탕으로 지방자치단체, 중앙 정부, 연구 기관, 교육 기관, 환경 단체 등 여러 이해 당사자 사이에 네트워크를 만들어 갯벌습지보호지역 관리 정책도 세우고 지역 발전 방안도 만들어 내고 있다. 연구 기관은 무안 갯벌의 생태학적 가치와 생태계 연구를 수행하여 이에 대한 학술 자료를 제공하고, 교육 기관과 환경 단체는 이러한 자료를 가지고 지역 주민들을 상대로 현장 교육을 실시하며, 중앙 정부는 갯벌의 지속가능한 이용을 위한 제도와 정책을 만든다. 이러한 이해 당사자 간의 긴밀한 협력과 노력이야말로 습지 환경을 성공적으로 보전하는 길이 될 것이다. 바다라는 환경은 어느 한 나라만의 노력으로 환경을 보전할 수는 없다. 따라서 황해 생태계가 건강해지고 훼손된 환경을 개선하려면 황해를 공유하는 나라들 사이에 국제적인 협력도 빠져서는 안 된다.

찾아보기